SEGURIDAD MARÍTIMA: PRINCIPIOS Y APLICACIONES

SEGURIDAD MARÍTIMA: PRINCIPIOS Y APLICACIONES

Fernando Crestelo Moreno
Jesús Ángel García Maza

2025

Servicio de Publicaciones de la Universidad de Oviedo
ISNI: 0000 0004 8513 7929
Campus de Humanidades. Edificio de Servicios
33011 Oviedo (Asturias)
Tel. 985 10 95 03
https://publicaciones.uniovi.es/
servipub@uniovi.es

Esta obra ha sido avalada por el Departamento de Ciencia y Tecnología Náutica de acuerdo con lo establecido en el artículo 8 f, del Reglamento del Servicio de Publicaciones de la Universidad de Oviedo.

Esta Editorial es miembro de la UNE, lo que garantiza la difusión y comercialización de sus publicaciones a nivel nacional e internacional.

ISBN: 979-13-87540-16-6
DL AS 304-2025

Imprime: Servicio de Publicaciones. Universidad de Oviedo

ÍNDICE

1. Introducción a la Seguridad Maritima

La seguridad marítima es un pilar fundamental en el ámbito del transporte marítimo, cuyo objetivo principal es garantizar la protección de la vida humana, la preservación del medio ambiente marino, la seguridad de las embarcaciones y la eficiencia en las operaciones. Se puede definir como el conjunto de actuaciones y medios utilizados para evitar los hechos no deseados en cualquier actividad que esté relacionada con el mar. Dado que gran parte del comercio mundial depende del transporte por mar, resulta indispensable la implementación de medidas rigurosas para asegurar que los buques operen bajo condiciones seguras y sostenibles. El concepto de seguridad marítima abarca una situación global en la que se aplican tanto el Derecho Internacional como las leyes nacionales, asegurando la libertad de navegación y protegiendo a los ciudadanos, las infraestructuras, el medio ambiente, los recursos marinos y las actividades relacionadas con el transporte marítimo. El medio marino tiene características únicas y específicas que requieren un tratamiento especializado para cualquier cuestión o dimensión que se aborde, y la seguridad no es una excepción. En el caso de España, como nación marítima, es evidente la importancia de la seguridad en los espacios marítimos para el normal funcionamiento de la vida social y económica del país. La gestión eficaz de la seguridad marítima resulta esencial para proteger los intereses nacionales y asegurar el desarrollo sostenible de actividades económicas ligadas al mar. En este contexto, cabe destacar la creación del Consejo Nacional de Seguridad Marítima en 2014, que se ha consolidado como una herramienta clave para enfrentar los retos y desafíos inherentes a este ámbito transversal. Este Consejo proporciona un enfoque integral que favorece la coordinación y cooperación entre las distintas administraciones, potenciando la prevención y la resolución de problemas relacionados con la seguridad marítima (Lloyd's Register, 2017).

Desde una perspectiva normativa, la Ley de Navegación Marítima es una de las principales disposiciones legales que regula aspectos clave relacionados con la seguridad de la navegación, la protección del medio ambiente marino, la preservación del patrimonio cultural subacuático, el uso del mar territorial y la lucha contra la contaminación marina. Además, el Plan Marítimo Nacional de Respuesta ante la Contaminación del Medio Marino, aprobado en septiembre de 2014, proporciona un marco de actuación claro y eficaz frente a posibles incidentes de contaminación en las aguas nacionales. En el ámbito internacional, el marco regulador de la seguridad marítima está liderado por la Organización Marítima Internacional (OMI), que promueve la adopción de convenios y normativas globales. Estas regulaciones cubren la construcción, equipamiento y operación de los buques, y establecen directrices para la gestión de emergencias, la prevención de accidentes y la protección del medio ambiente marino (IMO, 2020).

La seguridad marítima ha evolucionado significativamente a lo largo de los siglos. Desde los primeros registros de la navegación hasta la actualidad, las prácticas de seguridad han sido moldeadas por avances tecnológicos y lecciones aprendidas de desastres marítimos. Algunos de los eventos más relevantes que han influido en la evolución de la seguridad marítima incluyen:

- El hundimiento del Titanic (1912): Este desastre llevó a la adopción del Convenio Internacional para la Seguridad de la Vida Humana en el Mar (SOLAS) en 1914, que fue uno de los primeros intentos de establecer un marco regulatorio internacional para la seguridad de los buques.

- Accidentes petroleros: Incidentes como el Exxon Valdez y el Prestige demostraron la necesidad de normas más estrictas sobre la construcción de buques, la prevención de derrames de petróleo y la respuesta a emergencias.

- Terrorismo marítimo: En años recientes, la amenaza del terrorismo y los ataques a buques han impulsado la creación del Código Internacional para la Protección de los Buques y de las Instalaciones Portuarias (Código PBIP) (Lloyd's Register, 2017).

1.1. Objetivos de la seguridad marítima

La seguridad marítima tiene como fin primordial garantizar una serie de objetivos clave que aseguren tanto la protección de la vida humana como la sostenibilidad de las operaciones marítimas y la preservación del medio ambiente. Estos objetivos son fundamentales para el desarrollo seguro y eficiente de las actividades relacionadas con el transporte marítimo a nivel global (IMO, 2020).

1.1.1. Protección de la vida humana en el mar

Uno de los objetivos primordiales de la seguridad marítima es la protección de la vida humana a bordo de los buques. Este enfoque se centra en la prevención de accidentes y en garantizar que tanto las tripulaciones como los pasajeros viajen en condiciones seguras. Para lograr este objetivo, es esencial que los buques cumplan con una serie de normas internacionales que abordan aspectos como el equipamiento adecuado de las embarcaciones, la formación técnica de la tripulación y las condiciones laborales a bordo. La formación del personal y el cumplimiento de estándares de seguridad en el diseño y mantenimiento de los buques son pilares fundamentales para minimizar los riesgos de incidentes en alta mar.

1.1.2. Protección del medio ambiente marino

Otro objetivo crucial de la seguridad marítima es la protección del medio ambiente marino, que implica la implementación de medidas para reducir los riesgos de contaminación y evitar daños a los ecosistemas marinos. Este objetivo cobra especial relevancia en situaciones de derrames de hidrocarburos o el manejo de sustancias peligrosas. Normativas internacionales, como el Convenio MARPOL, establecen un marco regulatorio estricto que obliga a los buques a operar bajo medidas de prevención de la contaminación, reduciendo significativamente los impactos negativos sobre el mar. Estas normativas incluyen restricciones sobre las descargas de residuos y protocolos específicos para la gestión de emergencias ambientales (IMO, 2020).

1.1.3. Seguridad y eficiencia en la navegación

La seguridad y eficiencia en la navegación son esenciales para evitar colisiones, incidentes y cualquier otra situación que pueda poner en peligro la vida humana o el medio ambiente. Una correcta gestión del tráfico marítimo es fundamental para alcanzar este objetivo. Para ello, los sistemas de control del tráfico marítimo (VTS, por sus siglas en inglés) y tecnologías como el Sistema de Identificación Automática (AIS) desempeñan un papel clave. Estos sistemas permiten la supervisión en tiempo real del tránsito de buques, mejorando la capacidad de las autoridades para gestionar el tráfico en zonas congestionadas y prevenir accidentes (Lloyd's Register, 2017).

1.2. Normativa Internacional en Seguridad Marítima

La normativa internacional en seguridad marítima está fundamentada en una serie de convenios adoptados por la Organización Marítima Internacional (OMI), que actúan como base para garantizar que las operaciones marítimas se lleven a cabo de manera segura y responsable. Uno de los convenios más destacados es el Convenio SOLAS (Safety of Life at Sea), considerado el tratado más importante en lo que respecta a la seguridad marítima. SOLAS regula aspectos esenciales como la construcción, el equipamiento y la operación de los buques, asegurando que estos cumplan con los estándares mínimos necesarios para garantizar la protección de la vida humana en el mar. Por otro lado, el Convenio MARPOL se centra en la prevención de la contaminación marina, imponiendo regulaciones estrictas para evitar que los buques contaminen el mar con hidrocarburos, sustancias químicas y otros desechos. MARPOL establece controles sobre las descargas de residuos desde los buques y promueve la adopción de tecnologías y prácticas que minimicen el impacto ambiental de las actividades marítimas. Además, el Código ISM (International Safety Management Code) proporciona un marco para la gestión segura del funcionamiento de los buques, fomentando prácticas operativas que reduzcan los riesgos tanto para la tripulación como para el medio ambiente. El Código ISM no solo enfatiza la seguridad de las operaciones diarias de los buques, sino que también se enfoca en la prevención de la contaminación, promoviendo una gestión integral que aborde tanto los aspectos de seguridad operativa como los ambientales.

Tabla 1.- Normativa Internacional en Seguridad Marítima

Convenio	Descripción
SOLAS	Seguridad de la vida humana en el mar
MARPOL	Prevención de la contaminación marina
STCW	Normas de formación, titulación y guardia

1.3. Desafíos actuales en la seguridad marítima

La seguridad marítima se enfrenta a una serie de desafíos emergentes debido a la creciente complejidad del comercio marítimo global y al desarrollo de nuevas tecnologías. Uno de los problemas más acuciantes es la piratería y el terrorismo en el mar, con ataques recurrentes a buques mercantes en zonas como el Cuerno de África, lo que ha generado serios problemas para la seguridad global en las rutas comerciales. Estos ataques no solo ponen en riesgo la vida de las tripulaciones, sino que también afectan la estabilidad del comercio internacional. Por otro lado, el cambio climático ha empezado a impactar notablemente en la seguridad de la navegación. El aumento de las temperaturas y las alteraciones en los patrones climáticos están modificando las rutas comerciales tradicionales, lo que incluye la ampliación de las temporadas de hielo en zonas como el Ártico, creando nuevos riesgos para los buques que transitan por esas áreas. Además, las innovaciones tecnológicas, como el avance hacia los buques autónomos y la digitalización de las operaciones marítimas, ofrecen nuevas oportunidades para mejorar la eficiencia del transporte marítimo, pero también introducen nuevos riesgos, particularmente en lo que se refiere a la ciberseguridad. La dependencia creciente de la tecnología para la navegación y el control de los buques hace que estos sistemas sean vulnerables a ataques cibernéticos, lo que plantea un nuevo tipo de amenaza que requiere soluciones específicas y una gestión adecuada.

1.4. Referencias

Lloyd's Register (2017). Reducing marine pollution: The impact of MARPOL. Lloyd's Register Publications. ISBN: 978-1906412345

International Maritime Organization (IMO) (2020). MARPOL Guidelines. International Maritime Organization. ISBN: 978-92-801-4253-2

2. Contaminación y sus Efectos en el Mar

La contaminación de los océanos representa una de las mayores amenazas ambientales a nivel global. Las actividades humanas, como la industria, la agricultura y la descarga de desechos urbanos, han contribuido de manera significativa al deterioro de los ecosistemas marinos (Figura 1). El impacto de estos contaminantes en la biodiversidad y en los recursos naturales que dependen de los océanos es alarmante. Aunque el 70% de la superficie terrestre está cubierta por agua, solo una fracción mínima es apta para el consumo humano. Esto subraya la necesidad urgente de proteger los océanos como fuente vital de recursos, reguladores climáticos y soporte para la vida en el planeta. Los esfuerzos globales para reducir la contaminación y mitigar sus efectos deben intensificarse para asegurar un futuro sostenible para las generaciones presentes y futuras (Landrigan et al., 2020).

Figura 1.- Descarga de una bomba en el pantalan de un dique seco

2.1. Definición de Contaminación y Polución

Se define como contaminación aquella alteración nociva de la pureza o de las condiciones normales de una cosa o de un medio por agentes químicos o físicos. La contaminación marina se refiere a la introducción de sustancias tóxicas o energías que alteran negativamente el medio ambiente, afectando no solo a los organismos que habitan en los océanos, sino también a los humanos que dependen de los recursos marinos. La polución, un término que generalmente implica un grado más severo de daño, está asociada principalmente con desechos industriales y agrícolas. Ambos términos reflejan el impacto negativo de las actividades humanas en el medio ambiente marino, y su creciente intensidad está vinculada a la expansión industrial y el aumento en el uso de productos químicos peligrosos (Zhang et al., 2019).

2.2. El Agua y su Distribución

El agua es el recurso más abundante en el planeta, sin embargo, el 97.6% de esta agua es salada y, por lo tanto, no apta para el consumo humano directo (
Figura 2). La mayor parte del agua se encuentra en los océanos, mientras que una pequeña fracción está en ríos, lagos y reservas subterráneas de agua dulce. Solo el 0.025% del agua en la Tierra es potable, lo que resalta la importancia crítica de conservar y proteger los ecosistemas marinos (Landrigan et al., 2020). La distribución del agua está profundamente influenciada por las cuencas oceánicas, grandes depresiones geológicas formadas por la actividad tectónica, que albergan los océanos principales: el Pacífico, el Atlántico, el Índico, el Ártico y el Antártico (Landrigan et al., 2020).

En resumen, toda el agua existente ya sea por debajo o por encima de la superficie terrestre y en cualquiera de sus tres estados: sólido, líquido o gaseoso, forma la hidrósfera que incluye todos los cuerpos de agua distribuidos alrededor del mundo. La mayor parte de esta agua es salada y una muy baja cantidad corresponde a cuerpos de agua dulce

2.3. Composición y Características del Agua de Mar

El agua de mar es una solución compleja de sales y minerales, entre los cuales el cloruro de sodio es el más abundante. Aproximadamente el 3.5% del peso del agua de mar está compuesto por sales disueltas, y la salinidad es un factor clave en la dinámica de los ecosistemas marinos. Además, el agua de mar actúa como un regulador del clima global, gracias a su capacidad de almacenar y distribuir calor a través de las corrientes oceánicas. La salinidad y la temperatura son dos de las características más importantes que determinan el comportamiento del agua de mar, influyendo en las corrientes oceánicas y en la distribución de la vida marina (Weis, 2013).

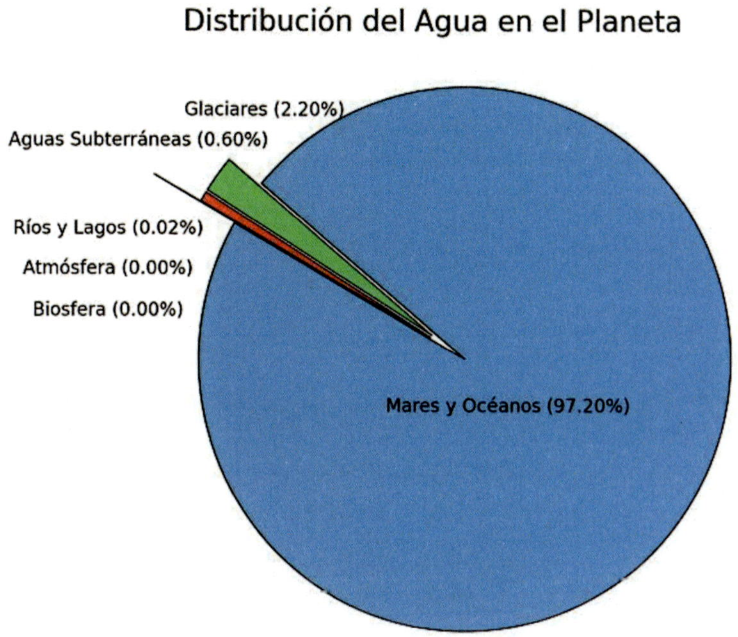

Distribución del Agua en el Planeta

Glaciares (2.20%)
Aguas Subterráneas (0.60%)
Ríos y Lagos (0.02%)
Atmósfera (0.00%)
Biosfera (0.00%)
Mares y Océanos (97.20%)

Figura 2.- Distribución porcentual del agua en el planeta

2.3.1. Salinidad

La salinidad del agua de mar varía considerablemente según la ubicación geográfica y la profundidad. En las regiones cercanas a los trópicos, donde la evaporación supera la precipitación, se encuentran los niveles más altos de salinidad, especialmente en áreas como el Mar Rojo y el Mediterráneo (Weis, 2013). La salinidad también disminuye en zonas de deshielo o de alta precipitación. La haloclina es una capa en la que la salinidad cambia rápidamente con la profundidad, diferenciando las masas de agua de distintas densidades. Este fenómeno es crucial para la estratificación y la circulación de las corrientes oceánicas (Wilhelmsson et al., 2013).

2.3.2. Temperatura

La temperatura del agua de mar también varía con la latitud y la profundidad. Las capas más superficiales pueden experimentar grandes fluctuaciones diurnas y estacionales, mientras que a mayor profundidad la temperatura desciende abruptamente en la termoclina, una capa en la que la temperatura cae rápidamente a medida que aumenta la profundidad (Weis, 2013). Este gradiente térmico es vital para la formación de corrientes oceánicas profundas, como la corriente termohalina, sistema global de circulación oceánica impulsado por diferencias en la **temperatura** ("termo") y la **salinidad** ("halina") del agua de mar, que afectan su densidad. Estas corrientes que juega un papel clave en la redistribución de nutrientes y calor en los océanos (Wilhelmsson et al., 2013).

2.3.3. Tipos de Contaminantes

Los contaminantes marinos pueden clasificarse en dos grandes categorías:

- Contaminantes químicos y
- Contaminantes físicos.

Los contaminantes químicos incluyen sustancias tóxicas como los plaguicidas, los metales pesados y los hidrocarburos, que pueden bioacumularse en los organismos marinos, afectando la cadena alimentaria y poniendo en riesgo la salud humana (Häder, 2021). Entre los contaminantes físicos se incluyen las fuentes de energía, como el ruido submarino y las radiaciones, que pueden alterar el comportamiento de especies marinas sensibles como los cetáceos, interfiriendo en su capacidad de navegación y comunicación (Zhang et al., 2019).

2.4. Efectos de los Contaminantes en el Ecosistema Marino

La contaminación tiene efectos devastadores sobre los ecosistemas marinos. Los microplásticos, que ahora se encuentran en prácticamente todos los océanos del mundo, son ingeridos por una gran variedad de organismos marinos, desde pequeños crustáceos hasta grandes mamíferos marinos, lo que provoca una serie de problemas metabólicos y de salud, que también afectan a los humanos al entrar en la cadena alimentaria (Landrigan et al., 2020). Además, los derrames de petróleo han causado graves daños a los ecosistemas marinos, destruyendo hábitats como las barreras de coral y matando a millones de especies. Este tipo de contaminación es particularmente difícil de mitigar y puede tener efectos duraderos en el ambiente marino (Zhang et al., 2019).

2.5. Referencias

Landrigan, P. J., et al. (2020). Human Health and Ocean Pollution. Annals of Global Health, 86(1), 144. https://doi.org/10.5334/aogh.2831

Zhang, B., Matchinski, E. J., Chen, B., Ye, X., Jing, L., & Lee, K. (2019). Marine Oil Spills—Oil Pollution, Sources and Effects. En M. Fingas (Ed.), Handbook of Oil Spill Science and Technology (pp. 621–655). Elsevier. https://doi.org/10.1016/B978-0-12-805052-1.00024-3

Wilhelmsson, D., Thompson, R. C., Holmström, K., Lindén, O., & Eriksson-Hägg, H. (2013). Chapter 6 – Marine Pollution. En A. Moksness & E. Dahl (Eds.), Global Marine Environment (pp. 141–170). Elsevier. https://doi.org/10.1016/B978-0-12-407668-6.00006-9

Weis, J. S. (2013). Physiological, Developmental and Behavioral Effects of Marine Pollution. Springer. https://doi.org/10.1007/978-3-642-37130-7

Häder, D.-P. (2021). Effects of Pollution on Fish. En J.-S. Weis (Ed.), Marine Pollution (pp. 55-85). Springer. https://doi.org/10.1007/978-3-030-75602-4_3

3.Tipos de Contaminantes Procedentes de los Buques

El transporte marítimo es un pilar fundamental del comercio global, gestionando aproximadamente el 80% de las mercancías a nivel mundial (Svendsen et al., 2002). Sin embargo, su importancia económica y logística contrasta con los efectos ambientales negativos que produce, convirtiéndose en una fuente significativa de contaminación marina. Los buques, como principales medios de transporte marítimo (Figura 3), generan diversos contaminantes en sus operaciones diarias que afectan a los ecosistemas oceánicos. Estos contaminantes no solo provienen de la estructura y funcionamiento del propio buque, sino también de las actividades relacionadas con la carga, descarga y el manejo del agua de lastre. Las operaciones del transporte marítimo implican la emisión de sustancias dañinas al mar, como los hidrocarburos, sustancias químicas, aguas residuales, y en algunos casos, especies invasoras a través del agua de lastre. La regulación de estas actividades ha sido un desafío para la comunidad internacional. En respuesta, se han implementado tratados y convenios internacionales como el Convenio Internacional para Prevenir la Contaminación por los Buques (MARPOL), que clasifica los tipos de contaminación en seis grandes áreas, cada una regulada por sus respectivos anexos (Lloyd's Register, 2017).

Figura 3.- Maniobra de entrada de un buque de carga general con remolcadores

Estas regulaciones buscan mitigar la huella ecológica del transporte marítimo y garantizar que las operaciones marítimas sean más sostenibles y seguras para el medio ambiente. No obstante, las fuentes de contaminación relacionadas con los buques son múltiples y varían según el tipo de operación que estos realicen. Por ejemplo, la estructura del buque, su mantenimiento y las operaciones que realiza en puerto son factores que pueden contribuir significativamente a la contaminación marina. A continuación, se detallan los focos más relevantes de contaminación asociados a los buques, y las regulaciones y soluciones desarrolladas para enfrentarlos.

3.1. Focos de contaminantes en los buques

Los focos de contaminación en los buques varían según las actividades realizadas a bordo. Entre los principales focos están:

- La estructura y mantenimiento del buque,
- Las operaciones de carga y descarga, y
- La propulsión.

El fouling, que es la acumulación de organismos marinos en las superficies sumergidas del casco.

Altera las características físicas del buque, incrementando la resistencia al desplazamiento y el consumo de combustible (Svendsen et al., 2002).

Para combatir este fenómeno se emplean pinturas antifouling, aunque en las primeras generaciones de estas pinturas se utilizaban compuestos altamente tóxicos como el Tributylin (TBT), que fue prohibido por su efecto en los ecosistemas marinos, especialmente sobre moluscos, causando deformaciones y cambios de sexo (Svendsen et al., 2002).

Este compuesto fue regulado por el Convenio Internacional sobre el Control de los Sistemas Antiincrustantes, más conocido por su terminología en inglés como "Control of Harmful Antifouling Systems for Ships" (AFS Convention), adoptado en 2001.

Tabla 2.- Tipos de Contaminantes Procedentes de los Buques

Tipo Contaminante	Consecuencias
Hidrocarburos	Afectan la fauna y flora marina
Aguas de lastre	Introducción de especies invasoras
Productos químicos	Toxicidad en el ecosistema marino

3.2. Contaminación por el agua de lastre

El agua de lastre es esencial para la estabilidad de los buques durante las operaciones de carga y descarga. Los buques suelen tomar grandes cantidades de agua en un puerto para mantener su estabilidad mientras transportan mercancías y luego la descargan en otro puerto cuando ya no es necesaria para el equilibrio del barco. Este proceso tiene consecuencias ambientales graves, ya que el agua de lastre contiene organismos marinos, incluyendo plancton, bacterias, virus y otros microorganismos. Al ser transportados de una región a otra, estos organismos pueden invadir ecosistemas a los que no pertenecen, generando un fuerte impacto en la biodiversidad local y alterando los equilibrios ecológicos. Carlton y Geller (1993) documentaron cómo este proceso ha sido responsable de la propagación global de especies exóticas invasoras, consideradas una de las mayores amenazas para la biodiversidad marina. Una vez liberados en un entorno nuevo, muchos de estos organismos pueden proliferar rápidamente debido a la ausencia de depredadores naturales, compitiendo con las especies autóctonas por recursos, lo que a menudo resulta en su desplazamiento o extinción.

Algunos ejemplos notables incluyen el mejillón cebra (Dreissena polymorpha), que ha invadido múltiples ecosistemas de agua dulce en Europa y América del Norte, obstruyendo infraestructuras y alterando los sistemas acuáticos locales (Figura 4).

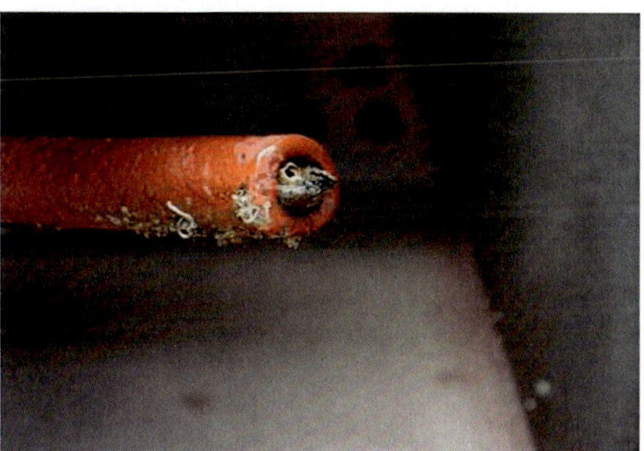

Figura 4.- Mejillon cebra obstruyendo una tuberia de desagüe

Las especies invasoras también pueden afectar a la pesca, la calidad del agua y otros usos económicos del mar, generando pérdidas millonarias en las industrias afectadas.

Para enfrentar este problema, la comunidad internacional adoptó en 2004 el Convenio Internacional para el Control y la Gestión del Agua de Lastre y los

Sedimentos de los Buques, conocido en inglés como Ballast Water Management (BWM), el cual establece estrictas regulaciones para minimizar la transferencia de organismos acuáticos. Entre sus principales disposiciones, el convenio exige que los buques realicen el cambio de agua de lastre en alta mar, a una distancia mínima de 200 millas de la costa y en aguas de al menos 200 metros de profundidad. De esta manera, se evita que los organismos recolectados en un puerto sean liberados en otro ecosistema vulnerable (Carlton y Geller, 1993). Además del cambio de agua, el convenio promueve el uso de tecnologías avanzadas para el tratamiento del agua de lastre, como:

- la filtración,
- la irradiación ultravioleta,
- la utilización de biocidas, o
- la combinación de varios métodos.

Estas tecnologías están diseñadas para eliminar o neutralizar los organismos presentes en el agua antes de su descarga. Por ejemplo, el uso de radiación ultravioleta desactiva el ADN de los microorganismos, impidiendo su reproducción, mientras que los sistemas de filtración eliminan partículas mayores, incluidos los organismos más grandes. Con estas medidas, el objetivo es reducir significativamente la introducción de especies exóticas invasoras y proteger la biodiversidad marina global.

El cumplimiento del convenio BWM es obligatorio desde su entrada en vigor en 2017, y los buques deben cumplir con estándares estrictos de gestión del agua de lastre, los cuales están diseñados para adaptarse a buques de diferentes capacidades y características.

3.3. Objetivos y principios del Convenio BWM

El principal objetivo del convenio es evitar la propagación de especies exóticas invasoras (EEI) que puedan ser transportadas en el agua de lastre de los buques.

Para ello, se establece una serie de medidas obligatorias que garantizan una gestión más segura y sostenible del agua de lastre. Entre estas medidas se incluye el tratamiento del agua antes de su descarga en otro puerto, con el fin de minimizar el riesgo de que contenga organismos nocivos que puedan afectar los ecosistemas marinos locales. El convenio establece dos normas clave para la gestión del agua de lastre:

- Regla D-1 (Cambio del agua de lastre): Los buques deben realizar el cambio de agua de lastre lejos de la costa, específicamente a más de 200 millas náuticas y en aguas con una profundidad mínima de 200 metros. Esto garantiza que los organismos capturados en un puerto no sobrevivan al ser liberados en aguas profundas, lejos de los ecosistemas costeros sensibles.

- Regla D-2 (Eficacia de la gestión del agua de lastre): Esta norma requiere que el agua de lastre tratada contenga menos de 10 organismos viables por metro cúbico para tamaños superiores a 50 micras, y menos de 10 organismos viables por mililitro para tamaños entre 10 y 50 micras. Además, se especifica que los niveles de microbios indicadores, como Escherichia coli y Vibrio cholerae, deben estar por debajo de ciertos umbrales para garantizar la seguridad ambiental.

3.3.1. Plan de gestión del agua de lastre

El BWM también requiere que todos los buques cuenten con un plan de gestión del agua de lastre aprobado y específico para cada barco. Este plan incluye los procedimientos para gestionar adecuadamente el agua, las tecnologías de tratamiento utilizadas y las prácticas complementarias que deben seguirse. Además, es obligatorio llevar un registro detallado en el "Libro de Registro de Agua de Lastre", donde se documentan todas las operaciones relacionadas, incluyendo la toma, el tratamiento y la descarga del agua de lastre.

3.3.2. Métodos de tratamiento del agua de lastre

Para cumplir con las disposiciones del convenio, los buques pueden optar por diversas tecnologías de tratamiento del agua de lastre. Estas incluyen:

- Tratamiento mecánico: Emplea métodos como la separación por filtros ciclónicos, que eliminan los organismos de mayor tamaño.
- Tratamiento físico: Usa sistemas como la irradiación ultravioleta o el tratamiento térmico para inactivar organismos.
- Tratamiento químico: Consiste en la utilización de biocidas o desinfectantes que eliminan los microorganismos presentes en el agua de lastre.
- Los buques también pueden descargar el agua de lastre en instalaciones de recepción autorizadas en tierra, donde se trata de forma segura para evitar su impacto en el medio ambiente. Esto es especialmente útil en puertos que disponen de infraestructuras especializadas para el manejo de estas aguas.

3.3.3. Implementación y desafíos

El convenio BWM ha sido adoptado por un gran número de países, lo que refleja su importancia en la protección de los ecosistemas marinos. No obstante, su implementación ha presentado desafíos logísticos y económicos, especialmente para buques más antiguos que requieren adaptaciones tecnológicas. Además, la verificación del cumplimiento de las normas de tratamiento del agua de lastre puede ser compleja y requiere una supervisión constante.

En conclusión, el convenio BWM representa un avance crucial en la lucha contra la contaminación marina por especies invasoras, aunque su éxito dependerá de la cooperación internacional y del desarrollo continuo de tecnologías de tratamiento más eficientes.

3.4. Clasificación de los contaminantes según el Código IMDG

El Código Marítimo Internacional de Mercancías Peligrosas o "International Maritime Dangerous Goods" (IMDG Code), es la normativa internacional clave que regula el transporte seguro de mercancías peligrosas por vía marítima.

Aproximadamente el 50% de las cargas transportadas por mar pueden clasificarse como peligrosas o potencialmente peligrosas, incluidas sustancias explosivas, gases, líquidos inflamables y materiales radiactivos (Pallis y Molenaar, 2007). Su aplicación es obligatoria desde el 1 de enero de 2004 y está dirigido a minimizar los riesgos que pueden surgir durante el transporte de sustancias peligrosas. El código establece normas rigurosas para el embalaje, el manejo y el almacenamiento de estas mercancías, contribuyendo a la prevención de accidentes que podrían dañar el medio ambiente o poner en peligro a las tripulaciones y a las poblaciones cercanas a las rutas marítimas. Además, el IMDG facilita la estandarización global en el transporte de estas mercancías, asegurando que las regulaciones sean coherentes y aplicables en todos los países que forman parte del sistema internacional de transporte marítimo.

3.4.1. Estructura del Código IMDG

El código está estructurado en dos volúmenes y varios suplementos, siendo el primer volumen el que cubre las disposiciones generales, como definiciones y directrices para la capacitación, así como la clasificación de las mercancías peligrosas, el embalaje, las cisternas y los procedimientos para la remisión de estas mercancías. También incluye las normas para la construcción y ensayo de embalajes y contenedores. Por su parte el segundo volumen contiene la lista de mercancías peligrosas y las excepciones aplicables a cantidades limitadas, junto con apéndices sobre nombres genéricos y definiciones importantes.

Además de estos dos volúmenes principales, el IMDG tiene un suplemento que ofrece procedimientos de emergencia para buques que transportan mercancías peligrosas, guías de primeros auxilios en caso de accidentes, directrices para la arrumazón de carga y recomendaciones sobre el uso seguro de plaguicidas en buques y bodegas de carga fumigadas.

3.4.2. Clasificación de las mercancías peligrosas

El IMDG clasifica las mercancías peligrosas en **nueve clases**, cada una de las cuales se basa en el tipo de riesgo que representan. Estas clases permiten identificar rápidamente el tipo de peligro y aplicar las medidas de seguridad correspondientes. A continuación, se describen las nueve clases (Figura 5):

Clase 1: Explosivos

1.1: Explosivos con riesgo de explosión masiva
1.2: Explosivos con riesgo de proyección
1.3: Explosivos con riesgo de incendio y pequeño riesgo de explosión o proyección
1.4: Explosivos que no representan un riesgo significativo
1.5: Sustancias explosivas insensibles con riesgo de explosión masiva
1.6: Objetos explosivos extremadamente insensibles sin riesgo de explosión masiva

Incluye sustancias y objetos que tienen el potencial de explotar bajo ciertas condiciones. Los explosivos están subdivididos en seis divisiones según su nivel de riesgo, desde explosivos con riesgo de explosión masiva hasta aquellos con riesgo de proyección.

Clase 2: Gases

2.1: Gases inflamables
2.2: Gases no inflamables y no tóxicos
2.3: Gases tóxicos

Comprende gases comprimidos, licuados o disueltos bajo presión. Los gases peligrosos se subdividen en tres categorías: gases inflamables, no inflamables y gases tóxicos. Un ejemplo común son los cilindros de gas propano

Clase 3: Líquidos inflamables

Engloba líquidos que emiten vapores inflamables a temperaturas relativamente bajas (punto de inflamación inferior a 60°C). La gasolina y el etanol son ejemplos representativos

Clase 4: Sólidos inflamables

4.1: Sólidos inflamables
4.2: Sustancias que pueden experimentar combustión espontánea
4.3: Sustancias que, en contacto con el agua, desprenden gases inflamables

Esta clase incluye sólidos que pueden encenderse fácilmente, sustancias que pueden prenderse de manera espontánea al exponerse al aire y aquellas que, al entrar en contacto con agua, liberan gases inflamables peligrosos.

Clase 5: Sustancias comburentes y peróxidos orgánicos

5.1: Sustancias comburentes
5.2: Peróxidos orgánicos

Incluye sustancias que pueden liberar oxígeno y, por lo tanto, incrementar el riesgo de combustión. Los peróxidos orgánicos, por su parte, son altamente reactivos y presentan un riesgo considerable de descomposición explosiva.

Clase 6: Sustancias tóxicas e infecciosas

6.1: Sustancias tóxicas
6.2: Sustancias infecciosas

Incluye sustancias que, si se inhalan, ingieren o absorben a través de la piel, pueden causar graves daños a la salud o incluso la muerte. También cubre materiales infecciosos que contienen patógenos peligrosos.

Clase 7: Materiales radiactivos

Esta clase cubre materiales que emiten radiación ionizante, lo que puede causar daño tanto a los seres vivos como al medio ambiente. Incluye el transporte de combustible nuclear y materiales utilizados en aplicaciones médicas.

Clase 8: Sustancias corrosivas

Sustancias que, por su naturaleza química, pueden destruir tejidos vivos o corroer ciertos materiales en caso de fuga. Un ejemplo típico son los ácidos fuertes como el ácido sulfúrico.

Clase 9: Sustancias peligrosas varias

Esta categoría incluye todas aquellas mercancías peligrosas que no encajan en las clases anteriores, pero que siguen representando un riesgo significativo. Un ejemplo son las baterías de litio, que pueden generar incendios si se dañan o manejan incorrectamente.

Clase 1 **Explosivos** **Ej.: TNT**		**Clase 4.3** **Peligroso en contacto con agua** **Ej.: Carburo de calcio**	
Clase 2.1 **Gases Inflamables** **Ej.: Acetileno**		**Clase 5.1** **Sustancias Oxidantes** **Ej.: Nitrato de plata**	
Clase 2.2 **Gases No Inflamables No Tóxicos** **Ej.: Nitrógeno**		**Clase 5.2** **Peróxidos Orgánicos** **Ej.: Peróxido de metil etil cetona**	
Clase 2.3 **Gases Tóxicos** **Ej.: Cloro**		**Clase 6.1** **Sustancias Tóxicas** **Ej.: Cianuro de sodio**	
Clase 3 **Líquidos Inflamables** **Ej.: Gasolina**		**Clase 7** **Sustancias Radiactivas** **Ej.: Uranio**	
Clase 4.1 **Sólidos Inflamables** **Ej.: Azufre**		**Clase 8** **Sustancias Corrosivas** **Ej.: Ácido clorhídrico**	
Clase 4.2 **Sustancias Espontáneamente Combustibles** **Ej.: Polvo de zinc**		**Clase 9** **Misceláneos** **Ej.: Asbesto**	

Figura 5.- Etiquetas y clases de mercancias peligrosas (IMDG)

3.5. Referencias

Carlton, J.T., & Geller, J.B. (1993). Ecological roulette: The global transport of nonindigenous marine organisms. Science, 261(5117), 78-82. https://doi.org/10.1126/science.261.5117.78

Lloyd's Register. (2017). Reducing marine pollution: The impact of MARPOL. Lloyd's Register Publications. ISBN: 978-1906412345

Pallis, A.A., & Molenaar, E.J. (2007). Maritime transport of dangerous goods. Elsevier. ISBN: 978-0080465488

Svendsen, J., et al. (2002). Impact of Tributylin on marine life and the effectiveness of antifouling regulations. Marine Ecology Progress Series, 239, 225-234. https://doi.org/10.3354/meps239225

4. Convenio MARPOL

El Convenio Internacional para Prevenir la Contaminación por los Buques o "International Convention for the Prevention of Pollution from Ships" (MARPOL), es la principal normativa global enfocada en la reducción de la contaminación marina generada por las actividades de los buques.

Este convenio fue adoptado en 1973 por la Organización Marítima Internacional (OMI) y, tras los incidentes de grandes derrames petroleros, como el del Exxon Valdez, fue modificado en 1978 para fortalecer las medidas de prevención y control de la contaminación marina.

La disposición resultante se estructura en seis anexos, los cuales abordan diferentes tipos de contaminantes, desde hidrocarburos y productos químicos hasta residuos y emisiones atmosféricas, garantizando una regulación integral del impacto ambiental causado por los buques. De estos seis anexos, el Anexo I del MARPOL, que regula la contaminación por hidrocarburos, ha sido uno de los más significativos en términos de reducción de impactos ambientales. Este anexo establece normas rigurosas para el manejo y la descarga de hidrocarburos a bordo, lo que ha llevado a una reducción considerable de los vertidos accidentales y operacionales al mar. Las medidas preventivas, como la obligación de disponer de sistemas de tratamiento de aguas oleosas en los buques, han sido clave en la disminución de estos incidentes (Lloyd's Register, 2017).

Esta normativa es un ejemplo claro del compromiso de la comunidad marítima internacional para mejorar la sostenibilidad del transporte por mar y proteger los ecosistemas marinos y su aprobación ha sido fundamental en la reducción de la contaminación marina causada por los buques, y sigue siendo una de las normativas más importantes y actualizadas dentro del derecho marítimo internacional. Su enfoque integral y su flexibilidad para adaptarse a nuevas amenazas aseguran su relevancia en el futuro para la preservación del medio ambiente marino.

4.1. Evolución de la normativa ambiental marítima

El derrame del Exxon Valdez en 1989, que afectó gravemente las costas de Alaska, fue un punto de inflexión para la regulación de la contaminación marina. Este accidente expuso la insuficiencia de las normativas internacionales y provocó una fuerte presión pública en los Estados Unidos, que respondieron promulgando la Oil Pollution Act (OPA 90) en 1990.

Esta ley, exclusiva de los EE. UU., impuso requisitos estrictos para los buques petroleros que operan en sus aguas territoriales, con el fin de prevenir futuros derrames y gestionar de forma más eficiente los daños ambientales derivados de incidentes similares.

La OPA 90 incluye disposiciones como la obligatoriedad de que todos los petroleros que operen en aguas estadounidenses cuenten con un doble casco. Esta medida busca minimizar las fugas de hidrocarburos en caso de accidentes y establece plazos concretos para la retirada de petroleros de casco único: los petroleros de entre 5.000 y 30.000 TPM debían ser retirados en 2005, mientras que aquellos con más de 30.000 TPM y más de 23 años de antigüedad dejaron de operar en 2010.

Además, la ley impone una responsabilidad subsidiaria en caso de vertidos, estableciendo que armadores, fletadores y operadores del buque comparten las consecuencias financieras de las labores de limpieza y reparación del daño. Estos costos incluyen desde el lucro cesante y los daños materiales hasta las pérdidas fiscales generadas por la inactividad de las zonas afectadas.

Este enfoque unilateral de los Estados Unidos obligó a la Organización Marítima Internacional (OMI) a responder adoptando medidas más estrictas para prevenir la contaminación por hidrocarburos en el marco del Convenio MARPOL. En 1992, la OMI estableció normas internacionales que requerían que todos los petroleros de más de 600 toneladas entregados a partir de julio de 1996 contaran con un doble casco o un diseño equivalente (MARPOL, 1992). Así, tanto el Convenio MARPOL como la OPA 90 contribuyeron a la eliminación progresiva de los petroleros de casco único, reduciendo significativamente el riesgo de derrames y mejorando la seguridad operativa en el transporte marítimo de hidrocarburos. Este contexto normativo sirvió de base para las actualizaciones posteriores del Convenio MARPOL, que continúan asegurando una mayor protección del medio ambiente marino a nivel internacional

4.1.1. Principales Medidas de la OPA 90

La OPA 90 introdujo medidas significativas, aplicables hasta 200 millas náuticas desde las costas de Estados Unidos, para regular todos los vertidos de hidrocarburos. Entre sus disposiciones más importantes se destacó el reemplazo de los petroleros de más de 5.000 TPM (toneladas de peso muerto) por embarcaciones de doble casco, como se mencionó anteriormente. Además, los responsables de los vertidos, incluidos armadores, fletadores y operadores, deben asumir la responsabilidad económica por los daños causados, cubriendo desde los costos de limpieza hasta la indemnización por daños medioambientales y pérdidas económicas (Lloyd's Register, 2017).

4.1.2. Medidas Adoptadas tras el Accidente del Erika

El accidente del buque petrolero Erika en 1999, que provocó un desastre ambiental en las costas francesas, provocó la reacción por parte de la Comisión Europea a adoptar un conjunto de medidas denominado Paquete Erika I. Entre las regulaciones más importantes, se destacan:

- el control estricto de los buques en los puertos europeos,
- la inspección de los tanques de lastre, y
- la creación de una lista negra para buques con antecedentes de inmovilización por incumplimiento de normativas medioambientales.

Posteriormente, el Paquete Erika II introdujo el seguimiento y control del tráfico marítimo en las aguas comunitarias, y promovió la instalación de sistemas automáticos de identificación y la implementación de registradores de datos de navegación en los buques. Estas medidas fortalecieron la capacidad de las autoridades para prevenir accidentes y responder eficazmente a amenazas de contaminación.

Sistemas de Protección Medioambiental a Bordo

Uno de los sistemas más importantes para la prevención de la contaminación es el uso de tanques de lastre segregado y tanques dedicados a lastre limpio. Estos sistemas aseguran que el agua de lastre, que es fundamental para mantener la estabilidad de los buques, no entre en contacto con hidrocarburos u otras sustancias peligrosas.

Tanques de Lastre Segregado y Tanques de Lastre Limpio

Tanques de lastre segregado o "Segregated Ballast Tanks" (SBT): Hace referencia a los tanques de lastre del buque completamente separados de los sistemas de carga y combustible, destinados exclusivamente al transporte de lastre limpio.

Tanques dedicados a lastre limpio o "Clean Ballast Tanks" (CBT): Estos tanques son aquellos, que limpiados adecuadamente para que el agua de lastre no contenga trazas de hidrocarburos, permiten una descarga segura del lastre al mar.

Lavado de Tanques con Crudo (COW)

El lavado con crudo o "Crude Oil Washing" (COW) es un procedimiento introducido en la década de 1970 para limpiar los tanques de los petroleros. Este sistema utiliza el propio crudo para eliminar los residuos adheridos en los tanques, reduciendo así la cantidad de hidrocarburos que quedan en los tanques tras la descarga y, por tanto, minimizando la contaminación marina.

Equipos de Vigilancia y Control de Descargas

El Sistema de Control y Monitoreo de Descargas de Hidrocarburos o "Oil Discharge Monitoring System" (ODME), es otro de los equipos esenciales para evitar la contaminación marina. Este sistema mide el contenido de hidrocarburos en las aguas que se van a descargar, asegurando que el nivel de contaminación no supere las 15 partes por millón, límite permitido por la normativa internacional (IMO, 2020).

4.2. Estructura del Convenio MARPOL

El Convenio MARPOL se divide en seis anexos, cada uno de los cuales regula diferentes tipos de contaminación:

- Anexo I: Prevención de la contaminación por hidrocarburos Este anexo establece regulaciones estrictas sobre la descarga de hidrocarburos y mezclas oleosas en el mar. Incluye disposiciones para buques petroleros y no petroleros, así como limitaciones específicas en las zonas especiales de protección. También regula el manejo de las aguas oleosas que se generan en las salas de máquinas y otras operaciones de mantenimiento de los buques (MARPOL, 1978).
- Anexo II: Sustancias químicas transportadas a granel Regula el transporte de sustancias químicas peligrosas que pueden causar daños al medio ambiente si son vertidas al mar. Este anexo establece procedimientos y limitaciones para el manejo y descarga de estas sustancias (IMO, 2007).
- Anexo III: Sustancias peligrosas transportadas en bultos Regula el transporte de sustancias peligrosas en contenedores, paquetes y otras formas de bultos. El anexo incluye disposiciones sobre el etiquetado y embalaje de estas sustancias para prevenir accidentes y garantizar la seguridad en su manejo (IMDG Code, 2007).

- Anexo IV: Aguas sucias de los buques Define las normas para el tratamiento y descarga de aguas residuales generadas en los buques, tales como desechos sanitarios y aguas residuales de espacios de hospitalización o transporte de animales vivos (MARPOL, 1992). Las descargas de aguas sucias no tratadas están prohibidas en las zonas especiales.
- Anexo V: Basuras de los buques Prohíbe la descarga de diversos tipos de basura, incluidos plásticos, en el mar. El anexo V también establece requisitos específicos para la eliminación de otros residuos, como papel, metal, vidrios, y alimentos, dependiendo de la ubicación del buque (Lloyd's Register, 2017)..
- Anexo VI: Contaminación atmosférica por los buques Introducido más recientemente, este anexo regula las emisiones de sustancias contaminantes a la atmósfera desde los buques, como los óxidos de azufre (SOx) y óxidos de nitrógeno (NOx), así como la emisión de partículas y la gestión de compuestos orgánicos volátiles (COV) (IMO, 2020).

4.3. Anexo I.- Prevención de la contaminación por hidrocarburos

El Anexo I del Convenio MARPOL, que regula la prevención de la contaminación por hidrocarburos, es uno de los pilares más importantes del convenio en términos de protección ambiental. Adoptado inicialmente en 1983, el Anexo I se enfoca en establecer estrictas regulaciones sobre la descarga de hidrocarburos y mezclas oleosas en el mar, tanto para buques petroleros como no petroleros, mediante el control y monitoreo riguroso de estas descargas. El objetivo principal de este anexo es prevenir los derrames accidentales y minimizar las descargas operacionales rutinarias (MARPOL, 1978).

4.3.1. Doble casco y tanques de lastre segregado

El doble casco es una de las medidas más efectivas introducidas en el Anexo I. Esta medida, que se hizo obligatoria tras el desastre del Exxon Valdez en 1989, exige que los petroleros estén equipados con un casco interior adicional que actúe como barrera en caso de colisión o varada, evitando que el petróleo entre en contacto con el agua de mar (Lloyd's Register, 2017). A partir de 1992, la Organización Marítima Internacional (OMI) exigió que todos los petroleros de más de 600 toneladas construidos a partir de 1996 cuenten con doble casco o diseño equivalente. Para los petroleros de casco único ya existentes, se establecieron plazos específicos para su retirada. Otra innovación clave del Anexo I fue la introducción de tanques de lastre segregado. Estos tanques están diseñados para transportar agua de lastre sin que entre en contacto con hidrocarburos, evitando la contaminación operativa durante las maniobras de lastre y deslastre en las rutas marítimas. Además, los petroleros también pueden tener tanques de lastre limpio, que aseguran que el agua de lastre, incluso si se encuentra en contacto con hidrocarburos, se trate de tal forma que al descargarse no contamine el entorno marino (IMO, 2007).

4.3.2. Sistemas de monitoreo y control de descargas

El Anexo I del MARPOL también exige la implementación de los Sistemas de Monitoreo y Control de Descargas de Hidrocarburos (ODMCS) en buques petroleros de más de 150 toneladas brutas. Estos sistemas están compuestos por cuatro componentes fundamentales:

- **Medidor de hidrocarburos**, que mide el contenido de hidrocarburos en el agua que se va a verter.
- **Caudalímetro,** que controla el volumen de agua oleosa a descargar.
- **Unidad de procesamiento**, que calcula el vertido de hidrocarburos en litros por milla náutica.
- **Válvula de parada automática**, que interrumpe la descarga cuando se alcanza el límite permitido de hidrocarburos. Este equipo asegura que los vertidos al mar sean monitoreados en tiempo real, evitando que se sobrepasen los límites establecidos por la normativa internacional (Lloyd's Register, 2017).

4.3.3. Tanques de retención y filtrado de aguas oleosas

Para las aguas oleosas provenientes de las sentinas de las máquinas, los buques deben disponer de tanques de retención de aguas oleosas y sistemas de tratamiento adecuados antes de su descarga. Los sistemas de filtrado de hidrocarburos deben garantizar que el contenido de hidrocarburos en el efluente no exceda las 15 partes por millón (ppm) antes de ser vertido en el mar (Lloyd's Register, 2017).

4.3.4. Lavado de tanques con crudo

Otra técnica empleada para la reducción de residuos oleosos es el lavado de tanques con crudo (COW), que consiste en utilizar crudo para limpiar los tanques de carga de los petroleros después de cada descarga. Esto reduce la necesidad de emplear agua para el lavado de tanques, minimizando las mezclas oleosas que se generan durante las operaciones de deslastre (MARPOL, 1978).

4.4. Anexo II.- Prevención de la contaminación por sustancias nocivas líquidas a granel

El Anexo II del Convenio MARPOL, ~~que~~ regula la prevención de la contaminación por sustancias nocivas líquidas transportadas a granel, ~~fue~~ adoptado en 1983 ~~y~~ es crucial para la protección de los mares contra vertidos de productos químicos.

A través de este anexo, se establecen estrictas normas para el manejo y la descarga de más de 250 sustancias líquidas peligrosas que podrían causar graves daños al medio ambiente marino si se descargan de manera incorrecta (IMO, 2007).

4.4.1. Clasificación de sustancias químicas

El Anexo II clasifica las sustancias nocivas líquidas en cuatro categorías en función de su peligrosidad para el medio ambiente y la salud humana (Figura 6):

- **Categoría X:** Sustancias que, si se vierten al mar, representan un grave peligro para el medio marino. Su descarga está totalmente prohibida.
- **Categoría Y:** Sustancias que representan un peligro menor que las de la categoría X, pero aún así requieren restricciones severas en cuanto a la calidad y cantidad permitida para ser descargada.
- **Categoría Z:** Sustancias que, si se descargan al mar, presentan un peligro limitado y se permiten descargas bajo condiciones más relajadas.
- **Otras sustancias (OS)**: Aquellas que no presentan un peligro significativo para el medio marino, permitiendo su descarga sin restricciones específicas, como el agua de sentina (IMDG Code, 2007).

Este sistema de clasificación asegura que las sustancias sean tratadas conforme a su potencial impacto ambiental, estableciendo estándares claros para el manejo a bordo.

Regla	A1 Bio-acumulación	A2 Bio-degradación	B1 Toxicidad aguda	B2 Toxicidad crónica	D3 Efectos a largo plazo para la salud	E2 Efectos para la fauna marina y los hábitats bentónicos	Categoría
1			≥ 5				X
2	≥ 4		4				
3		NR	4				
4	≥ 4	NR			CMRTNI		
5			4				Y
6			3				
7			2				
8	≥ 4	NR		No 0			
9				≥ 1			
10						Fp, F o S Si no es inorgánico	
11					CMRTNI		
12	Todos los productos que no cumplan los criterios de las reglas 1 a 11 y 13						Z
13	Todos los productos indicados como: ≤2 en la columna A1; R en la columna A2; en blanco en la columna D3; no Fp, F o S (si no son inorgánicos) en la columna E2; y 0 (cero) en todas las demás columnas del perfil de peligrosidad del GESAMP						OS

Figura 6.- Clasificación de productos en categorías de contaminación

4.4.2. Código Internacional para la Construcción y Equipamiento de Buques que Transportan Productos Químicos Peligrosos a Granel (Código IBC)

Los buques que transportan sustancias nocivas líquidas están obligados a cumplir con el Código Internacional para la Construcción y el Equipamiento de Buques que Transportan Productos Químicos Peligrosos a Granel o "International Bulk Chemical Code (IBC). Este código impone especificaciones técnicas y de diseño para minimizar los riesgos de accidentes y derrames. Existen tres tipos de buques tanque químicos, diseñados en función del nivel de riesgo de las sustancias transportadas:

- **Tipo 1**: Buques destinados a transportar sustancias extremadamente peligrosas que requieren las máximas medidas de seguridad.
- **Tipo 2**: Buques que transportan sustancias con un riesgo considerable para la seguridad y el medio ambiente, pero con medidas de seguridad menos restrictivas que el tipo 1.
- **Tipo 3**: Buques diseñados para transportar sustancias con un riesgo moderado, que requieren un grado básico de contención y protección (IMO, 2007).

4.4.3. Procedimientos operacionales

El Anexo II establece procedimientos estrictos para la limpieza de tanques y el manejo de residuos. La limpieza debe realizarse de manera que las sustancias químicas remanentes en los tanques no sean descargadas en el mar sin tratamiento previo, especialmente en las zonas especiales donde estas descargas están altamente restringidas o prohibidas.

4.5. Anexo III.- Prevención de la contaminación por sustancias perjudiciales transportadas en bultos

El Anexo III del Convenio MARPOL, adoptado en 1992, regula el transporte de sustancias nocivas en bultos para prevenir su derrame o accidente. Estas sustancias incluyen productos químicos, materiales peligrosos y mercancías que presentan riesgos para el medio marino y la salud humana. A través de este anexo, se establece que todas las sustancias perjudiciales transportadas en buques deben cumplir con el Código Internacional de Mercancías Peligrosas (IMDG), que dicta normativas rigurosas sobre el embalaje, etiquetado y almacenamiento (IMDG Code, 2007). Este anexo obliga a los cargadores y operadores de buques a garantizar que los bultos peligrosos estén correctamente etiquetados y documentados. Asimismo, deben seguirse reglas específicas para la estiba y la segregación de estas sustancias a bordo, con el fin de evitar la contaminación accidental en caso de incidentes durante el transporte. Estas normativas son fundamentales para prevenir la contaminación por sustancias nocivas, especialmente en zonas de alto tráfico marítimo o en condiciones climáticas adversas.

4.6. Anexo IV.- Prevención de la contaminación por aguas sucias de los buques

El Anexo IV del Convenio MARPOL, ~~que~~ entró en vigor en 2003, y aborda la contaminación por aguas sucias generadas a bordo de los buques. Estas aguas incluyen:

- desechos sanitarios residuales, y
- otras aguas contaminadas que puedan contener bacterias o productos tóxicos.

El anexo establece que todas las aguas residuales deben ser tratadas adecuadamente antes de ser descargadas, especialmente en zonas especiales donde la descarga sin tratamiento está prohibida (MARPOL, 1978).

Los buques están obligados a instalar sistemas de tratamiento de aguas residuales, como instalaciones de desmenuzado y desinfección. En casos donde no sea posible el tratamiento inmediato, se exige la retención temporal de las aguas sucias hasta que puedan ser tratadas o descargadas en instalaciones portuarias adecuadas. Esta medida ha sido clave para minimizar la contaminación en aguas costeras y en áreas marinas protegidas (MARPOL, 1992).

4.7. Anexo V.- Prevención de la contaminación por basuras de los buques

El Anexo V regula la prevención de la contaminación por basuras generadas a bordo de los buques, prohibiendo la descarga de ciertos tipos de residuos en el mar, como plásticos y materiales sintéticos, que representan un grave peligro para los ecosistemas marinos. La normativa establece que las descargas de otros tipos de residuos, como papel, vidrio, metales y restos de comida, solo se permiten en ciertas condiciones y a distancias específicas de la costa. El anexo también requiere que los buques implementen planes de gestión de basuras y mantengan un libro de registro de basuras, donde se documente cada operación de descarga o incineración de residuos. Las zonas especiales tienen restricciones aún más estrictas, donde la descarga de cualquier tipo de basura está generalmente prohibida (MARPOL, 1978).

4.8. Anexo VI.- Prevención de la contaminación atmosférica por los buques

El Anexo VI, adoptado en 1997 y revisado en 2005, se centra en la reducción de la contaminación atmosférica generada por los buques.

Este anexo regula las emisiones de óxidos de azufre (SOx), óxidos de nitrógeno (NOx) y partículas suspendidas, además de prohibir la emisión deliberada de sustancias que agotan la capa de ozono.

El anexo establece límites progresivos para las emisiones de SOx y NOx, introduciendo el concepto de Zonas de Control de Emisiones (ECAs), donde los límites de emisiones son más estrictos. Los buques que operan en estas zonas deben utilizar combustibles con bajo contenido de azufre o emplear tecnologías de reducción de emisiones, como los scrubbers.

Las revisiones del Anexo VI también han establecido límites para las emisiones de gases de efecto invernadero y regulan la incineración a bordo para reducir la contaminación generada por la quema de residuos (IMO, 2020).

Tabla 3.- Resumen del Convenio MARPOL

Anexos	***Descripción***
Anexo I	Hidrocarburos
Anexo II	Sustancias nocivas líquidas
Anexo III	Sustancias peligrosas en bultos
Anexo IV	Aguas sucias
Anexo V	Basuras
Anexo VI	Emisiones atmosféricas

4.9. Aplicación y zonas especiales

El MARPOL identifica ciertas zonas marítimas que requieren una protección especial debido a su vulnerabilidad ecológica. Estas zonas, conocidas como zonas especiales, están sujetas a regulaciones más estrictas. En estas zonas, las descargas de sustancias reguladas por el convenio están significativamente restringidas, y en algunos casos prohibidas por completo (MARPOL, 1978).

En Europa, las SECAs (Áreas de Control de Emisiones de Azufre) son regiones donde las emisiones contaminantes de azufre generadas por la quema de combustibles marinos están estrictamente reguladas. Estas áreas fueron establecidas por la OMI en respuesta a los problemas de lluvia ácida en el norte de Europa causados por la contaminación atmosférica. Dentro de la Unión Europea, las SECAs incluyen el Mar Báltico (en vigor desde 2006) y el Mar del Norte y el Canal Inglés (desde 2007), imponiendo límites al contenido de azufre en los combustibles marinos para reducir su impacto ambiental (Orivet et al., 2012).

4.10. Importancia del MARPOL

El MARPOL es crucial para la protección del medio ambiente marino, ya que aborda una amplia gama de fuentes de contaminación, desde vertidos accidentales hasta emisiones atmosféricas. La normativa impone medidas preventivas y prácticas operacionales que minimizan los daños ambientales. A lo largo de los años, las enmiendas y anexos adicionales han fortalecido la capacidad del convenio para adaptarse a nuevas amenazas, como la contaminación atmosférica (Lloyd's Register, 2017; IMO, 2020).

4.11. Referencias

Lloyd's Register. (2017). Guidelines for MARPOL Annex I & II Implementation. Lloyd's Register Publications. ISBN: 978-1-847-31092-8.

IMO. (2020). MARPOL Annex VI Guidelines. International Maritime Organization. ISBN: 978-92-801-4253-2.

MARPOL. (1978). International Convention for the Prevention of Pollution from Ships. International Maritime Organization.

MARPOL. (1992). International Convention for the Prevention of Pollution from Ships (Amendments to Annex III). International Maritime Organization.

IMO. (2007). Revised MARPOL Annex II Guidelines. International Maritime Organization. ISBN: 978-92-801-4241-9.

IMDG Code. (2007). International Maritime Dangerous Goods Code. International Maritime Organization. ISBN: 978-92-801-4241-9.

Orivet et al.,2012. Implicaciones de las SECAS y las ECAS en la ciudad portuaria. Alfonso C. Orivet, Nicoletta González Cancelas, Alberto Camarero Orive, Francisco Soler Flores. http://retedigital.com/wp-content/themes/rete/pdfs/portus_plus/3_2012/Desarrollo_urbano_portuario/Alfonso C.Orivet_NicolettaGonz%C3%A1lezCancelas_AlbertoCamareroOrive_FranciscoSolerFlores.pdf

5. Lucha Contra los Derrames de Hidrocarburos

Los derrames de hidrocarburos constituyen una de las amenazas más serias para el medio ambiente marino, con impactos devastadores en los ecosistemas, la fauna, la flora y las actividades económicas. Estos derrames pueden originarse tanto por accidentes como por operaciones normales de mantenimiento en buques, así como durante la extracción y manipulación del petróleo en alta mar. Según datos de la Organización Marítima Internacional (IMO), el transporte de petróleo crudo y sus derivados a través de buques petroleros es responsable del 60 % de la contaminación marina por hidrocarburos (IMO, 2019). Los efectos de estos incidentes no se limitan a la contaminación inmediata del agua, sino que se extienden a largo plazo, afectando las cadenas alimentarias marinas y los recursos pesqueros.

Si las operaciones marítimas se realizan con normalida, la interacción con el medio marítimo es mínima. Cuando dichos procesos, no se llevan a cabo correctamente dan lugar a incidentes que pueden poner en contacto los hidrocarburos que se transportan, carga o combustibles, con dicho medio marítimo. Esta interacción suele generar problemas graves. Sin embargo, en caso de accidentes, esta interacción se convierte en un problema grave. Los hidrocarburos, compuestos de carbono e hidrógeno, pueden presentarse en tres estados: sólido, líquido y gaseoso.

El término "petróleo" proviene del latín "aceite de piedra" y, en su forma líquida, se le conoce como petróleo crudo o "crude oil", mientras que en estado gaseoso se le denomina gas natural. Es relevante destacar que aproximadamente el 90 % del petróleo crudo se destina a la producción de combustibles (Etkin, 2009).

Durante el proceso de refinación del crudo, se extraen varios compuestos clave, entre los que se incluyen: gasolina y nafta, queroseno y combustible para aviones, gasóleo ligero y para motores diésel, gases pesados y gasóleo de calefacción, lubricantes, ceras, fueloil y asfalto. Cada uno de estos productos tiene un impacto potencial si es liberado en el medio marino, siendo especialmente grave en caso de vertidos accidentales.

Aunque el transporte marítimo es una fuente evidente de contaminación por hidrocarburos, no es la única ni la mayor. A lo largo de la historia, los grandes accidentes relacionados con la extracción y distribución de petróleo han causado algunos de los mayores desastres ambientales (Figura 7). En el caso de España, los vertidos accidentales de hidrocarburos han tenido un impacto considerable en sus costas, como se refleja en los datos recopilados por el Ministerio para la Transición Ecológica (MITECO, 2024). Estos accidentes no solo afectan el medio ambiente, sino que también tienen repercusiones significativas para las poblaciones humanas cercanas a las áreas afectadas (González & Sala, 2010).

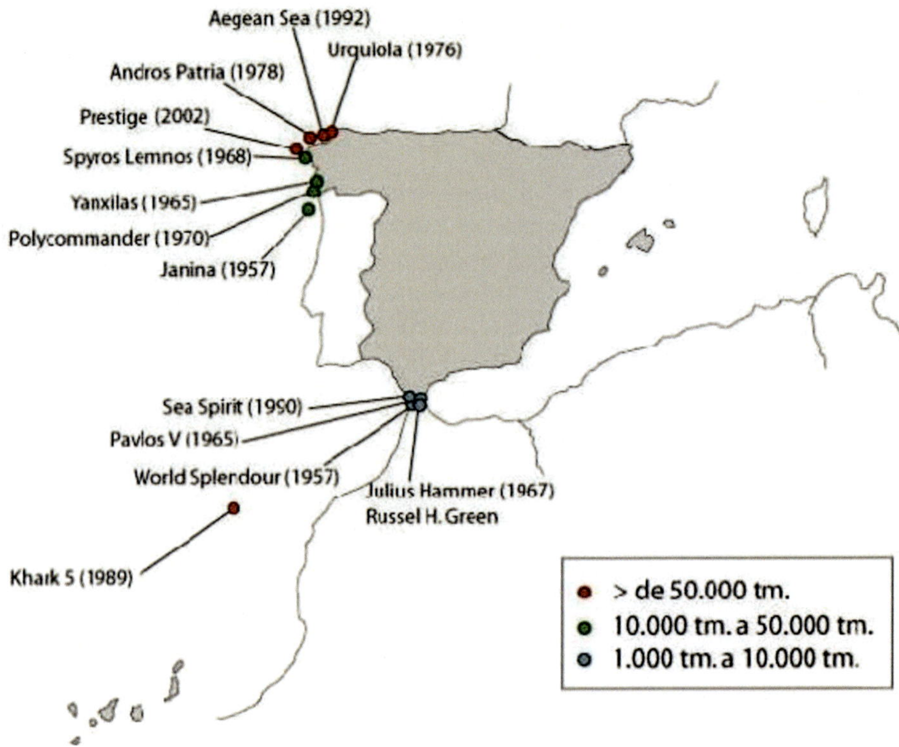

Figura 7.- Mayores vertidos de hidrocarburos en las costas españolas por accidentes marítimos
Fuente: Ministerio de Transición Ecológica (MITECO, 2024)

5.1. Física de los Derrames de Hidrocarburos

Los derrames de hidrocarburos en el mar se caracterizan por una serie de procesos físicos y químicos que determinan la distribución y comportamiento del petróleo en el agua.

Debido a su menor densidad en comparación con el agua, los hidrocarburos suelen flotar en la superficie, donde su comportamiento está influenciado por factores como el viento, las corrientes y la temperatura del agua.

El primer proceso observado tras un derrame es el **esparcimiento mecánico**, que implica la expansión de la mancha de petróleo sobre la superficie del agua (National Research Council, 2003). Este proceso se debe a un desequilibrio de fuerzas internas y externas, como la tensión superficial, que actúan sobre el hidrocarburo.

Un proceso clave relacionado con los derrames es la **evaporación** de los compuestos más ligeros del petróleo, lo que reduce el volumen del derrame, pero aumenta la toxicidad en el aire circundante. La evaporación está fuertemente influenciada por la temperatura del agua y el viento, lo que acelera el proceso. A medida que los compuestos volátiles se evaporan, el petróleo restante se vuelve más denso y viscoso, lo que lo hace más difícil de recuperar y aumenta la posibilidad de que forme emulsiones con el agua.

Otro fenómeno significativo es la **dispersión vertical**, que ocurre cuando el hidrocarburo se mezcla con la columna de agua. Este proceso puede afectar hasta al 60 % del volumen derramado y se ve acelerado por la turbulencia del agua y las corrientes marinas (Fingas, 2011).

La **emulsificación**, que es la formación de una mezcla de agua y petróleo, también ocurre frecuentemente en derrames importantes. Esto hace que el petróleo se vuelva más viscoso y dificulta su recuperación, ya que la mezcla puede aumentar drásticamente el volumen del contaminante.

El viento y las corrientes no solo afectan la distribución superficial del petróleo, sino que también influyen en la creación de **windrows** (hileras de hidrocarburo alineadas por el viento), un patrón que facilita su recolección en algunas circunstancias.

Los comportamientos irregulares del derrame complican los esfuerzos de limpieza, ya que la contaminación se dispersa de manera impredecible, alcanzando áreas extensas rápidamente.

El proceso de **oxidación** se refiere a la reacción química del hidrocarburo con el oxígeno presente en el agua y la atmósfera. Este fenómeno provoca la degradación parcial del petróleo, formando compuestos más complejos que pueden ser aún más difíciles de eliminar (IPIECA, 2015). La oxidación puede dar lugar a la formación de costras o residuos que flotan en la superficie o se depositan en el lecho marino.

Otro fenómeno que se puede dar al contacto del hidrocarburo con el agua de mar es la **sedimentación**. Consiste en la unión de hidrocarburo o sus productos degradados y particular de agua, y que generan una precipitación del combinado hacia el fondo marino. Este proceso representa un grave riesgo para los ecosistemas bentónicos y hace que la contaminación sea más difícil de detectar y mitigar.

Pasado un tiempo, los microorganismos marinos comienzan a descomponer los hidrocarburos a través del proceso de **biodegradación**. Sin embargo, este proceso puede ser muy lento y depende de las condiciones ambientales, como la temperatura del agua y la disponibilidad de nutrientes. Aunque la biodegradación puede eliminar una parte significativa del derrame, su acción es limitada en grandes volúmenes y en situaciones de baja temperatura. Finalmente, la **disolución** de las fracciones más solubles del hidrocarburo contribuye a la contaminación de la columna de agua y afecta directamente a los organismos marinos que habitan en estos niveles. Estos procesos combinados muestran la complejidad de los derrames de hidrocarburos y subrayan la necesidad de intervenciones rápidas y eficaces para limitar su impacto ambiental.

5.2. Técnicas y Medios en la Lucha Contra los Derrames

La lucha contra los derrames de hidrocarburos en el mar requiere la implementación de una serie de técnicas organizadas en fases, que buscan **contener**, **recuperar** y **eliminar** el hidrocarburo derramado. A continuación, se presentan las tres principales estrategias empleadas en estos casos:

<u>Contención del Derrame</u>: El primer paso es evitar que el hidrocarburo se extienda sobre una amplia área del mar. Para ello, se emplean barreras flotantes, que pueden ser de flotabilidad permanente, autoinflables o inflables a presión.

Las barreras se dividen en dos categorías principales: físicas y químicas, siendo las primeras las más utilizadas actualmente. Estas barreras físicas utilizan un sistema de flotación y un faldón sumergido que impide que el hidrocarburo se escape por debajo de la barrera. Existen diversos diseños que se ajustan a las condiciones marinas específicas, tales como barreras para aguas protegidas, aguas abiertas o zonas de alta mar (European Maritime Safety Agency, 2012).

Estas barreras físicas son fundamentales para frenar la expansión del derrame, creando un perímetro que limita su dispersión y cuya eficacia de dependerá de factores ambientales tales como la velocidad de las corrientes y la fuerza del viento, las cuales pueden reducir su efectividad cuando las condiciones son adversas.

Recuperación del Hidrocarburo: Una vez que se ha contenido el derrame, el siguiente paso es la **recuperación**. Aquí es donde se utilizan skimmers, dispositivos diseñados para recolectar el hidrocarburo de la superficie del mar. Los skimmers pueden variar según el tipo de derrame y las condiciones del mar, incluyendo versiones de rebose, de tambor y de disco. Estos sistemas están diseñados para separar el petróleo del agua, siendo esenciales en las primeras fases de la limpieza.

Se utilizan materiales absorbentes que trabajan por absorción o adsorción. Estos materiales son especialmente útiles cuando la cantidad de hidrocarburo derramado es pequeña o cuando el acceso a skimmers es limitado. No obstante, este método genera grandes cantidades de residuos sólidos que requieren una gestión adecuada posterior (Al-Majed, Adebayo, & Hossain, 2012).

Dispersión o Eliminación: Cuando la recuperación completa no es factible, se pueden aplicar dispersantes químicos que aceleran la biodegradación natural del petróleo. Estos dispersantes rompen las manchas de hidrocarburos, permitiendo que se mezclen con el agua y que los microorganismos marinos puedan degradar los compuestos más rápidamente. A pesar de su eficacia, el uso de dispersantes es controvertido debido a los posibles efectos tóxicos sobre el ecosistema marino (NOAA, 2016).

5.2.1. Skimmers y sus clases

Los skimmers son equipos fundamentales para la recuperación de hidrocarburos en derrames. Se utilizan diferentes tipos de skimmers, cada uno diseñado para optimizar la recolección según las características del derrame y las condiciones ambientales. Cada tipo de skimmer tiene ventajas específicas que los hacen adecuados para diferentes escenarios y tipos de derrames. La selección correcta del skimmer adecuado puede acelerar significativamente el proceso de recuperación y reducir el impacto ambiental de los derrames de hidrocarburos (Etkin, 2009). A continuación, se detallan las principales clases de skimmers utilizadas para estos fines:

Skimmers de Rebose

Los skimmers de rebose, también conocidos como Weir Skimmers, aprovechan la menor densidad de los hidrocarburos en comparación con el agua. Estos dispositivos permiten que solo el hidrocarburo ingrese en una zona especial situada en la parte superior del agua, donde se recoge. Este tipo de skimmer es ideal para derrames con capas de hidrocarburo espesas y en áreas con poca agitación del agua (National Research Council, 2003).

Skimmers Oleofílicos

Los skimmers oleofílicos aprovechan la afinidad natural de algunos materiales con el hidrocarburo, permitiendo que se adhiera al material del skimmer, separándose del agua. Existen varios subtipos de este tipo de skimmer:

- **Skimmer Oleofílico de Tambor:** Utilizan cilindros rotatorios recubiertos de un material oleofílico para recolectar hidrocarburos. Son especialmente útiles para derrames en mar abierto, ya que manejan bien hidrocarburos de viscosidades variadas.
- **Skimmer Oleofílico de Disco:** En lugar de tambores, estos skimmers utilizan discos delgados que giran, aumentando la superficie de contacto con el hidrocarburo. Son eficaces para recuperar hidrocarburos ligeros y moderadamente viscosos.
- **Skimmer de Cinta Oleofílica:** Utilizan cintas continuas de material absorbente que recogen el hidrocarburo mientras la cinta gira a través de la superficie del agua. Son útiles en derrames de baja viscosidad y áreas con acceso limitado (IPIECA, 2015).

Skimmers de Cabo Absorbente (Rope Mop)

Estos skimmers consisten en cuerdas largas recubiertas de material oleofílico que absorbe el hidrocarburo. Las cuerdas pasan por la superficie del agua, capturando el hidrocarburo, que luego se exprime mecánicamente para su recolección. Son eficaces en áreas costeras y se pueden utilizar en sistemas montados en embarcaciones para facilitar la recuperación en zonas complicadas (NOAA, 2016).

Skimmers Hidrodinámicos

Estos skimmers utilizan principios de movimiento de fluidos para separar el hidrocarburo del agua. Un ejemplo es el skimmer de veleta giratoria, que crea corrientes locales para mejorar la eficiencia de recolección en derrames dispersos y en condiciones difíciles.

5.2.2. Absorbentes y sus clases

Los materiales absorbentes son herramientas esenciales en la lucha contra derrames de hidrocarburos cuando la cantidad de petróleo o hidrocarburo a recoger es pequeña. Estos absorbentes funcionan capturando los hidrocarburos mediante dos mecanismos:

- absorción, donde el fluido penetra en el material sólido, y

- adsorción, donde el hidrocarburo se adhiere a la superficie del absorbente (González & Sala, 2010).

Los absorbentes son una herramienta valiosa en la lucha contra los derrames de hidrocarburos, particularmente en operaciones de pequeña escala o en áreas sensibles donde otras técnicas podrían ser inapropiadas. Sin embargo, es crucial seleccionar el tipo de absorbente adecuado según las condiciones del derrame y manejar adecuadamente los residuos generados para minimizar su impacto ambiental. Existen varias clases de absorbentes diseñados para recuperar el hidrocarburo de manera eficiente y minimizar la contaminación secundaria. Los absorbentes pueden dividirse en las siguientes categorías:

Absorbentes Oleofílicos

Los absorbentes oleofílicos son aquellos que tienen afinidad por los hidrocarburos y repelen el agua, lo que los convierte en opciones eficaces para derrames de petróleo en superficies acuáticas. Estos absorbentes pueden presentarse en forma de almohadillas, mantas o barreras, permitiendo una rápida absorción del hidrocarburo mientras mantienen su flotabilidad (Al-Majed, Adebayo, & Hossain, 2012).

Absorbentes Orgánicos Naturales

Este tipo de absorbentes se fabrica a partir de materiales naturales como el serrín, paja o turba. Estos materiales tienen la ventaja de ser biodegradables y ofrecer una opción ecológica para la recogida de hidrocarburos. Sin embargo, presentan limitaciones en términos de capacidad de absorción y generan grandes volúmenes de residuos sólidos que necesitan una gestión adecuada.

Absorbentes Sintéticos

Estos absorbentes están hechos de materiales como el polipropileno y otros polímeros. Son especialmente efectivos debido a su alta capacidad de absorción y reutilización. En particular, las almohadillas y rollos de polipropileno son muy utilizados en operaciones de limpieza de derrames, ya que pueden absorber varias veces su peso en hidrocarburo y son relativamente fáciles de manejar.

Absorbentes Inorgánicos

Los materiales inorgánicos, como la vermiculita o la arcilla, también pueden utilizarse como absorbentes en derrames de hidrocarburos. Estos absorbentes ofrecen una alta capacidad de adsorción, pero tienden a ser más pesados y difíciles de manejar en grandes cantidades.

5.2.2.1. Limitaciones en el uso de absorbentes

A pesar de su utilidad, los absorbentes presentan ciertas limitaciones que deben considerarse. Entre las principales desventajas se encuentran:

- La dificultad para aplicarlos en grandes extensiones de derrames.
- La necesidad de grandes cantidades de mano de obra.
- Los altos costos asociados en comparación con otras técnicas.
- La generación de grandes volúmenes de residuos sólidos.

5.3. Gestión de Residuos y Efectos a Largo Plazo

Después de un derrame, la gestión de los residuos generados por la limpieza puede ser tan problemática como el propio derrame.

Los materiales absorbentes, utilizados cuando las cantidades de hidrocarburo son pequeñas, también generan grandes volúmenes de desechos sólidos que deben ser procesados de manera adecuada para evitar daños adicionales al medio ambiente (Fingas, 2011).

A largo plazo, los derrames de hidrocarburos pueden tener efectos persistentes en los ecosistemas marinos. Ejemplos como el Exxon Valdez y el Prestige muestran cómo los ecosistemas afectados por estos incidentes tardan décadas en recuperarse (European Maritime Safety Agency, 2012).

5.4. Referencias

Fingas, M. (2011). Oil Spill Science and Technology: Prevention, Response, and Clean-up. Gulf Professional Publishing. ISBN: 978-1856179430.

National Research Council (2003). Oil in the Sea III: Inputs, Fates, and Effects. National Academies Press. https://doi.org/10.17226/10388.

Etkin, D.S. (2009). Analysis of U.S. Oil Spillage. American Petroleum Institute (API). API Publication 356.

IPIECA (2015). A Guide to Oil Spill Response in Mangrove Forests. International Petroleum Industry Environmental Conservation Association.

NOAA (2016). Open Water Oil Identification Job Aid for Aerial Observation. U.S. National Oceanic and Atmospheric Administration. https://response.restoration.noaa.gov.

European Maritime Safety Agency (EMSA) (2012). Action Plan for Oil Pollution Preparedness and Response. EMSA.

Al-Majed, A.A., Adebayo, A.R., & Hossain, M.E. (2012). A sustainable approach to controlling oil spills. Journal of Environmental Management, 113, 213-227. https://doi.org/10.1016/j.jenvman.2012.07.034.

González, M.C., & Sala, R. (2010). Derrames de petróleo: Contaminación marina y costera. Editorial Reverte. ISBN: 978-8429173947.

International Maritime Organization (IMO). (2019). Manual on Oil Pollution. IMO Publications. ISBN: 978-9280116584.

Ministerio para la Transición Ecológica y el Reto Demográfico (MITECO). (2024). *Incidentes de contaminación marina accidental en España*. Recuperado de https://www.miteco.gob.es/es/costas/temas/proteccion-medio-marino/plan-ribera/contaminacion-marina-accidental/incidentes_mapa.html

6. Emergencias Marítimas, Búsqueda y Rescate

Las emergencias marítimas se refieren a cualquier situación de peligro o riesgo que ocurre en el mar y que requiere de una acción inmediata para proteger la vida humana, el medio ambiente o los bienes materiales.

Estas situaciones pueden variar desde un incidente menor, como fallos mecánicos, hasta accidentes mayores, como incendios, naufragios o derrames de hidrocarburos.

La Organización Marítima Internacional (OMI) define las emergencias marítimas como eventos que amenazan la seguridad de las personas a bordo de los buques, la integridad del buque en sí, la carga que transporta o el ecosistema marino (IMO, SAR 1979).

Una gestión eficaz de estas emergencias depende de una respuesta rápida y coordinada entre los distintos actores involucrados, como las tripulaciones, los servicios de salvamento y los centros de coordinación de rescate (SASEMAR, 2021). La Organización Marítima Internacional (OMI) ha establecido directrices para la investigación de siniestros con el fin de reducir la recurrencia de tales eventos (IMO, Código A.884(21), 1999).

La gestión de emergencias marítimas se lleva a cabo mediante diversos mecanismos e instrumentos, entre los que destacan los Centros Coordinadores de Salvamento (CCS) y los recursos aéreos y marítimos integrados en el Plan Nacional de Salvamento Marítimo (PNS). En España, el PNS constituye el principal instrumento para la coordinación de operaciones de búsqueda, rescate y control de la contaminación marina. Estas acciones se desarrollan bajo la responsabilidad del Ministerio de Fomento y la Dirección General de la Marina Mercante, garantizando una respuesta eficiente ante emergencias en el medio marino (MITECO, 2021). Este plan, alineado con los estándares europeos, gestiona un área SAR que cubre 1.500.000 km², lo que triplica el tamaño del territorio español. Además, este plan responde a la creciente complejidad del tráfico marítimo, que incluye buques mercantes, pesqueros y turísticos (SASEMAR, 2021).

Los Centros de Coordinación de Salvamento (CCS) juegan un papel clave en la vigilancia, prevención y respuesta a emergencias, con 19 centros distribuidos estratégicamente a lo largo del litoral español (SASEMAR, 2021). El Convenio Internacional sobre Búsqueda y Salvamento Marítimos (SAR 1979), adoptado por la OMI, es otro pilar de la seguridad en el mar. Este convenio establece la obligación de los Estados y capitanes de buques de prestar auxilio a cualquier persona en peligro en el mar, asegurando la cooperación internacional para coordinar operaciones SAR eficaces (IMO, 1979).

El Sistema Mundial de Socorro y Seguridad Marítima (SMSSM), integrado por tecnologías de radiocomunicación y sistemas satelitales, garantiza que los buques puedan emitir alertas de socorro en caso de emergencia (IMO, SMSSM, 1992).

Además, el Manual Internacional de los Servicios Aeronáuticos y Marítimos de Búsqueda y Salvamento (IAMSAR) ofrece procedimientos específicos para coordinar operaciones SAR. Este manual, desarrollado conjuntamente por la OMI y la OACI, está dividido en tres volúmenes que abordan la organización, coordinación de misiones y mejora de la eficacia operativa en el lugar del incidente (IMO & OACI, IAMSAR, 1999). La metodología empleada en las búsquedas incluye técnicas como el cuadrado expansivo y la búsqueda por sectores, diseñadas para maximizar la probabilidad de encontrar supervivientes (IMO, IAMSAR, 1999).

La utilización de señales de emergencia es crucial en las operaciones de rescate. El Convenio SOLAS, en su Capítulo III, regula las señales pirotécnicas como bengalas y cohetes con paracaídas, que deben usarse solo en situaciones de peligro real (IMO, SOLAS, 1974). Estas señales permiten a las unidades de rescate localizar a las embarcaciones en peligro de forma rápida y eficiente. Por tanto, la seguridad marítima en emergencias se basa en un complejo entramado de regulaciones y herramientas que van desde la formación especializada, la tecnología de vanguardia y la cooperación internacional, hasta la correcta utilización de señales de socorro y equipos de salvamento, con el fin de preservar la vida humana y el medio ambiente marino.

6.1. Criterios y Clasificación de Emergencias Marítimas

Las emergencias marítimas se clasifican según varios criterios, entre los que se incluyen:

- Naturaleza del incidente: Las emergencias pueden ser provocadas por accidentes a bordo, fallos estructurales, colisiones, varadas, incendios, contaminación marina o actos deliberados como el terrorismo o la piratería.
- Magnitud de los daños: La clasificación también se basa en la gravedad del incidente y su impacto sobre la vida humana, los bienes materiales y el medio ambiente. Se consideran emergencias mayores aquellas que implican pérdida de vidas, graves daños al buque o contaminación significativa del medio ambiente.

- Localización y condiciones ambientales: Las condiciones del mar, la distancia a la costa y las características del área donde ocurre la emergencia (zonas con alta densidad de tráfico marítimo, áreas protegidas, etc.) también influyen en la clasificación (MITECO, 2021).

- Tiempo de respuesta disponible: La urgencia de la situación es otro criterio importante. Se debe evaluar cuánto tiempo queda antes de que el buque se hunda, de que las personas a bordo se vean en peligro mortal, o de que el derrame de contaminantes se extienda (IMO, SMSSM 1992).

Las emergencias marítimas se pueden dividir en varias categorías dependiendo de su naturaleza y severidad:

1. Emergencias relacionadas con la vida humana: Estas incluyen el naufragio, incendios a bordo, inundaciones o colisiones. Aquí el objetivo principal es el rescate de las tripulaciones y pasajeros.
2. Emergencias relacionadas con la integridad del buque: Incluyen averías en el motor, problemas estructurales del buque o fallos en los sistemas de control que pongan en peligro la estabilidad y la seguridad de la embarcación.
3. Emergencias medioambientales: Estas incluyen derrames de hidrocarburos, vertidos de sustancias químicas peligrosas, y daños al medio marino como consecuencia de accidentes de navegación o fallos operativos.
4. Emergencias por actos deliberados: Se refiere a la piratería, terrorismo o sabotaje que puede amenazar la seguridad del buque, su tripulación o el medio ambiente (IMO, IAMSAR 1999).

6.2. Requisitos de Formación en Emergencias Marítimas

La formación en emergencias marítimas es esencial para la tripulación y el personal involucrado en la navegación. Las normativas internacionales, como el Convenio Internacional sobre Normas de Formación, Titulación y Guardia para la Gente de Mar (STCW), establecen requisitos mínimos de formación para garantizar que el personal esté capacitado para responder adecuadamente ante emergencias. Entre los requisitos fundamentales están:

- Formación básica en primeros auxilios: Todo el personal debe estar preparado para proporcionar atención médica inmediata en caso de accidentes a bordo.

- Entrenamiento en el manejo de incendios a bordo: Los tripulantes deben ser capaces de manejar extintores, hidrantes y otros equipos para controlar el fuego en el buque.

- Simulacros de abandono del buque y uso de balsas salvavidas: Estos simulacros aseguran que todos los tripulantes conozcan los procedimientos para evacuar el buque de manera segura en caso de emergencia.

- Entrenamiento en el uso del Sistema Mundial de Socorro y Seguridad Marítima (SMSSM).

6.3. Plan Nacional de Salvamento Marítimo

El Plan Nacional de Salvamento Marítimo (PNS) es el documento central que organiza y coordina todas las acciones destinadas a la búsqueda, salvamento y lucha contra la contaminación en aguas españolas. ~~Este plan,~~ gestionado por la Sociedad Estatal de Salvamento y Seguridad Marítima (SASEMAR), tiene como objetivo principal proteger la vida humana en el mar y prevenir el daño al medio ambiente marino.

El PNS es revisado y actualizado periódicamente para adaptarse a las nuevas exigencias operativas y tecnológicas, con el fin de mantener un sistema de respuesta rápido y eficaz ante emergencias marítimas (MITECO, 2021). El plan organiza sus esfuerzos en torno a dos grandes ejes:

- salvamento marítimo y
- lucha contra la contaminación.

Cada eje incluye la coordinación de medios aéreos, marítimos y terrestres. Los Centros de Coordinación de Salvamento (CCS) son la piedra angular del sistema, encargados de la gestión de todas las operaciones SAR (Search and Rescue) y de la intervención ante incidentes de contaminación marina.

Estos centros están equipados con avanzados sistemas de comunicación, radares y sensores satelitales, permitiendo una vigilancia constante del tráfico marítimo en las zonas de responsabilidad asignadas a España, las cuales cubren una extensión de 1.500.000 km^2, triplicando la superficie del territorio nacional (Figura 8).

Figura 8.- Area de Responsabilidad Zona SAR España (Fuente: Salvamento Maritimo).

El PNS cuenta con una flota de 55 embarcaciones de intervención rápida, además de 10 remolcadores de altura y 4 buques polivalentes especializados en la recogida de hidrocarburos. Estos recursos permiten una respuesta rápida y flexible en función de la naturaleza de la emergencia.

Además, España ha establecido convenios de colaboración con otros países y organizaciones internacionales, como el Convenio de Bonn y el Convenio de Lisboa, para coordinar los esfuerzos en la gestión de incidentes que puedan afectar a múltiples estados ribereños. El Plan Nacional de Salvamento 2021-2024 pone especial énfasis en la sostenibilidad y la innovación. Se proyectan iniciativas clave, como la descarbonización de la flota de salvamento, el desarrollo de aeronaves no tripuladas, y la implementación de un sistema avanzado de sensores para la detección temprana de derrames de hidrocarburos. Estos planes se renuevan en periodos de 4 años vigencia.

En los PNS también se contempla la renovación de sus medios y ampliación de sus centros asegurando que los mares y costas bajo responsabilidad de España estén adecuadamente protegidos.

6.4. El Convenio SAR (1979)

El Convenio Internacional sobre Búsqueda y Salvamento Marítimos (SAR), adoptado en 1979 bajo los auspicios de la Organización Marítima Internacional (OMI), es un marco legal esencial para la cooperación internacional en la búsqueda y rescate de personas en peligro en el mar. Antes de la adopción de este convenio, no existía un instrumento internacional específico que cubriera de manera integral las operaciones de búsqueda y salvamento. Aunque los buques tenían la obligación tradicional y normativa de asistir a otras embarcaciones en peligro, el uso de recursos SAR era ineficaz y descoordinado en muchas regiones del mundo.

El Convenio SAR fue creado con el objetivo de establecer un sistema mundial de asistencia rápida y efectiva en emergencias marítimas, garantizando que las personas en peligro reciban auxilio, independientemente de su nacionalidad o condición. El convenio estipula que los Estados parte deben establecer zonas de búsqueda y rescate (SAR), así como servicios operativos con personal y medios adecuados para garantizar la seguridad marítima. Además, el convenio promueve la cooperación entre Estados, facilitando la asistencia mutua en casos de emergencias que ocurren en áreas de difícil acceso o en zonas compartidas.

6.5. Manual IAMSAR

El Manual Internacional de los Servicios Aeronáuticos y Marítimos de Búsqueda y Salvamento (IAMSAR) es una guía operativa desarrollada por la OMI y la Organización de Aviación Civil Internacional (OACI). Su objetivo es ayudar a los Estados a cumplir con las obligaciones contraídas bajo el Convenio SAR, facilitando la coordinación y ejecución de las operaciones de búsqueda y salvamento. El IAMSAR reemplaza los antiguos manuales MERSAR (1971) y IMOSAR (1978), que proporcionaban directrices para las operaciones SAR en buques mercantes.

6.5.1. Antecedentes

El Manual IAMSAR tiene su origen en la creciente necesidad de una colaboración internacional más efectiva en el ámbito de la búsqueda y rescate. El Convenio SOLAS (1974), que surgió tras el desastre del Titanic, estableció las primeras normativas sobre la seguridad de la vida humana en el mar. A lo largo de las décadas, la OMI ha ido incorporando instrumentos que amplían este marco, entre los que destacan el SMSSM (Sistema Mundial de Socorro y Seguridad

Marítima) y el Convenio SAR (1979), para mejorar la capacidad de respuesta ante emergencias.

6.5.2. Estructura del Manual IAMSAR

El Manual IAMSAR está dividido en tres volúmenes principales, cada uno con un enfoque específico para garantizar la efectividad de las operaciones SAR en todo el mundo:

- Volumen I: Organización y Gestión. Este volumen proporciona directrices para establecer y mejorar los sistemas SAR a nivel mundial y regional. Aborda la colaboración entre Estados, la gestión del sistema SAR y la mejora continua de los servicios.

- Volumen II: Coordinación de Misiones. Se centra en la planificación y coordinación de las operaciones SAR, asistiendo a los encargados de coordinar misiones en tiempo real y garantizando una respuesta rápida y efectiva ante emergencias. Incluye estrategias para la toma de decisiones iniciales y la planificación de búsqueda.

- Volumen III: Medios Móviles. Este volumen está diseñado para ser llevado a bordo de buques y aeronaves. Proporciona directrices prácticas para mejorar la eficacia en las actividades SAR, con un enfoque particular en la función del coordinador en el lugar del siniestro.

6.6. Procedimiento de Socorro

El procedimiento de socorro en emergencias marítimas sigue una serie de pasos estandarizados y regulados internacionalmente, especialmente bajo las normativas del Convenio SAR (1979) y el Manual IAMSAR, ambos diseñados para garantizar la rápida coordinación y eficiencia en las operaciones de búsqueda y rescate marítimo.

Estos procedimientos se estructuran en fases específicas que permiten una respuesta adecuada a las emergencias según la gravedad del incidente. Estas fases son las siguientes:

Detección de la emergencia: Este primer paso puede ser activado por varios métodos, como una alerta automática emitida por el Sistema Mundial de Socorro y Seguridad Marítima (SMSSM), el cual está integrado por tecnologías satelitales y de radiocomunicación que permiten a los buques transmitir señales de socorro cuando se enfrentan a situaciones de peligro. También puede iniciarse mediante una llamada directa de la tripulación desde el barco afectado o a través de avistamientos de otras embarcaciones en la zona (IMO, SMSSM 1992).

Activación del Sistema de Alerta: Una vez que se detecta la emergencia, se emite una señal de socorro a través de los canales establecidos como el VHF, radiobalizas EPIRB o sistemas satelitales, alertando a los Centros de Coordinación de Salvamento (CCS) más cercanos. La OMI y el Convenio SOLAS establecen que los capitanes de buques tienen la obligación de asistir a cualquier persona en peligro en el mar, comunicando la situación inmediatamente al sistema SAR (IMO, SOLAS, Capítulo V, 1974).

Respuesta de los Centros de Coordinación de Salvamento (CCS): Los CCS reciben la señal de alerta y se encargan de evaluar la situación, tomando en cuenta la gravedad de la emergencia. En base a esta evaluación, movilizan los recursos necesarios para llevar a cabo el rescate, que puede incluir el despliegue de barcos de salvamento, helicópteros o aviones especializados, dependiendo de la localización y naturaleza del incidente. Estos centros están operativos las 24 horas y coordinan las operaciones en las áreas de responsabilidad designadas (IMO, IAMSAR 1999).

Coordinación de la Operación: La fase de coordinación es crucial para garantizar una respuesta rápida y eficaz. Los CCS mantienen comunicación constante con las unidades de rescate y, en casos más complejos, se puede requerir cooperación internacional, sobre todo en áreas donde las zonas SAR de diferentes países se solapan. La rapidez y la eficiencia en esta etapa pueden determinar el éxito de la operación, ya que se trata de reducir al mínimo el tiempo de respuesta desde la detección de la emergencia hasta la llegada de las unidades de rescate al lugar del incidente (IMO, IAMSAR 1999).

Rescate y Asistencia: Una vez que se localizan las personas o embarcaciones en peligro, se procede a las operaciones de rescate. Esto incluye la recuperación de náufragos, asistencia médica inmediata y, en casos de incidentes relacionados con derrames o contaminación, el despliegue de medios para contener y mitigar los efectos negativos sobre el medio ambiente marino. Las unidades especializadas están capacitadas para manejar estas situaciones de manera eficiente, minimizando los daños tanto a las personas como al entorno.

6.7. Señales Internacionales de Socorro (SAR)

En las operaciones de búsqueda y rescate (SAR), las señales de socorro juegan un papel crucial para alertar y guiar a las unidades de rescate. Estas señales se emplean para establecer contacto visual entre una embarcación o aeronave en peligro y las unidades de salvamento.

Los sistemas de señales están regulados por normativas internacionales como el Convenio SOLAS, específicamente en su Capítulo III, que detalla las señales de socorro reconocidas a nivel mundial, clasificando estos materiales como esenciales en las operaciones de emergencia.

6.7.1. Señales Pirotécnicas

El Convenio SOLAS clasifica las señales pirotécnicas como herramientas clave en situaciones de peligro. Se incluyen tres tipos principales:

- Cohetes lanza bengalas con paracaídas
- Bengala de mano
- Señal fumígena flotante

Estas señales deben usarse únicamente en situaciones de emergencia real, tal como lo establece la Regla 35 del Capítulo V del Convenio SOLAS, que prohíbe su uso salvo en casos de peligro inminente para el buque o las personas.

Cohetes Lanza Bengalas con Paracaídas

Este tipo de señal es utilizada principalmente para advertir a las embarcaciones o aeronaves a gran distancia de una situación de peligro. Se recomienda su uso durante la noche o en condiciones de baja visibilidad. El cohete se dispara verticalmente, alcanzando alturas de hasta 300 metros, y desprende una bengala luminosa que permanece visible durante un tiempo no menor a 40 segundos, lo que permite ser avistado a largas distancias.

Bengalas de Mano

Las bengalas de mano son útiles cuando la embarcación en peligro se encuentra a corta distancia de un buque o la costa. A diferencia de los cohetes, su uso se limita a escenarios cercanos, ya que su intensidad luminosa es efectiva en un rango de hasta 5 millas. Su duración de combustión es de al menos 60 segundos y, al igual que los cohetes, deben usarse de noche o con visibilidad reducida.

Señales Fumígenas

Las señales fumígenas, también conocidas como botes de humo, son señales diurnas que emiten un denso humo naranja durante al menos 3 minutos, lo que permite su identificación por aeronaves y buques en operaciones de rescate. Estas señales se utilizan principalmente para señalar la posición de la embarcación o persona en peligro, especialmente en condiciones de baja visibilidad o cuando un helicóptero realiza operaciones de rescate.

6.7.2. Uso Correcto de las Señales

El uso correcto de las señales pirotécnicas requiere seguir una serie de recomendaciones de seguridad para evitar accidentes. Las principales pautas incluyen:

- Usar guantes o protección para evitar quemaduras.
- Colocar las bengalas de mano o cohetes de espaldas al viento para evitar que las chispas caigan sobre la embarcación o los tripulantes.
- Accionar las bengalas con el brazo extendido, lejos de la embarcación o cualquier objeto inflamable.

En cuanto a los cohetes lanza bengalas, se debe tener especial precaución al manipular el tubo, ya que el efecto de retroceso puede causar lesiones si no se sujeta con firmeza. Es importante seguir las instrucciones del fabricante y mantener una distancia segura entre los tripulantes.

6.7.3. Señales de Emergencia Aéreas y Marítimas

En las operaciones SAR, las aeronaves utilizan señales de emergencia para coordinar sus acciones con los buques de rescate. Estas señales visuales incluyen la dirección de las embarcaciones hacia el objetivo, como una persona en peligro o un buque siniestrado. Las señales aéreas también son complementadas con las pirotécnicas, ampliando así la capacidad de coordinación visual en el proceso de rescate.

Tabla 4.- Procedimientos de Socorro en el Mar

Fases Emergencia	Descripción
1	Evaluación de la situación
2	Emisión de la señal de socorro
3	Comunicación con los servicios SAR
4	Implementación de medidas de emergencia
5	Coordinación del rescate

6.8. Referencias

IMO. (1999). Código A.884(21). Directrices para la Investigación de Siniestros Marítimos.

IMO. (1979). Convenio Internacional sobre Búsqueda y Salvamento Marítimos (SAR).

MITECO. (2021). Plan Nacional de Salvamento Marítimo 2021-2024. https://www.miteco.gob.es.

SASEMAR. (2021). Centros de Coordinación de Salvamento y unidades de intervención rápida. Sociedad Estatal de Salvamento Marítimo.

IMO & OACI. (1999). IAMSAR: International Aeronautical and Maritime Search and Rescue Manual. ISBN: 978-9280116140.

IMO. (1992). Sistema Mundial de Socorro y Seguridad Marítima (SMSSM).

IMO. (1974). Convenio Internacional para la Seguridad de la Vida Humana en el Mar (SOLAS).

Real Decreto Legislativo 2/2011, de 5 de septiembre, por el que se aprueba el Texto Refundido de la Ley de Puertos del Estado y de la Marina Mercante.

Sociedad de Salvamento y Seguridad Marítima (SASEMAR) (2024). Misión y Área de Responsabilidad. Recuperado de http://www.salvamentomaritimo.es/conocenos/nuestra-actividad/mision-y-area-de-responsabilidad

7. Guardias a Bordo

Las guardias a bordo de los buques son fundamentales para asegurar una operación segura, eficiente y en conformidad con la normativa de protección del medio ambiente marino y de la vida humana. Requieren un manejo cuidadoso de los turnos de vigilancia, la asignación de roles específicos y el cumplimiento de los períodos de descanso establecidos.

La Convención Internacional sobre Normas de Formación, Titulación y Guardia para la Gente de Mar (STCW), inicialmente adoptada en 1978 y modificada en 1995 y 2010, establece los estándares básicos de formación y descanso para el personal de guardia, reconociendo que la fatiga es un factor de riesgo crítico en las operaciones marítimas (International Maritime Organization [IMO], 2011).

El STCW por tanto establece un marco normativo integral para la organización de las guardias, regulando tanto los requisitos de formación como los períodos de descanso necesarios para minimizar la fatiga y reducir los riesgos de errores humanos. La correcta organización de las guardias, el mantenimiento de competencias actualizadas y el cumplimiento de las normativas de descanso son esenciales para la seguridad del buque y su tripulación. La implementación de estos principios no solo garantiza la seguridad en el mar y en puerto, sino que también promueve una cultura de seguridad y responsabilidad en la operación marítima, protegiendo a los marinos y al entorno marino.

7.1. Convenio de Formación STCW y Aptitud para el Servicio

El Convenio STCW aborda aspectos de formación y titulación para garantizar que el personal de guardia esté técnicamente competente y físicamente apto. La normativa del STCW también se centra en la gestión de la fatiga del personal, identificada como una de las principales causas de accidentes marítimos debido a su impacto en la concentración y capacidad de respuesta.

La Organización Marítima Internacional (OMI) ha señalado que la fatiga contribuye significativamente a los errores humanos en la navegación, por lo que la regulación de los períodos de descanso es crucial (IMO, 2014).

Requisitos de Descanso: Según el STCW, el personal de guardia debe tener 10 horas de descanso en un período de 24 horas y un total de 77 horas en un período de siete días. Las horas de descanso pueden dividirse en dos periodos, siempre que uno de ellos no sea inferior a 6 horas consecutivas (IMO, 2011). Este marco ayuda a mitigar los efectos de la fatiga, permitiendo que el personal de guardia recupere su capacidad de atención y respuesta antes de cada turno.

Excepciones en Situaciones de Emergencia: Aunque las normas de descanso son estrictas, el STCW permite excepciones en situaciones de emergencia o condiciones operacionales especiales, siempre y cuando se proporcionen períodos compensatorios de descanso una vez que el buque retorne a condiciones normales (Allen, Smith, & Wadsworth, 2006).

7.2. Organización y Estructura de las Guardias

La guardia es una de las operaciones esenciales en la navegación, pues garantiza la seguridad tanto del buque como de la tripulación. Los oficiales y el personal de guardia deben mantener una vigilancia continua sobre las condiciones del buque, la navegación, y posibles situaciones de emergencia (Figura 9).

La vigilancia se estructura para prever y responder a incidentes como incendios, entradas de agua, o fallas en los sistemas de control, además de actuar inmediatamente ante cualquier señal de peligro.

El Capítulo VIII del STCW establece directrices detalladas para la organización de las guardias en navegación y en puerto, con el fin de asegurar la supervisión constante y la ejecución segura de todas las actividades a bordo.

El Convenio STCW define los parámetros de tiempo y condiciones para las guardias, regulando tanto el descanso como la capacitación del personal. Estas normativas se enfocan en prevenir la fatiga, dado que el cansancio incrementa los errores humanos y reduce la capacidad de respuesta ante emergencias.

Los turnos de guardia deben estar organizados de tal forma que cada oficial de guardia tenga suficiente tiempo de descanso, como mínimo 10 horas en un periodo de 24 horas, divididas en períodos no inferiores a 6 horas consecutivas.

7.2.1. Excepciones y Casos Especiales

El STCW permite excepciones en los períodos de descanso en situaciones de emergencia o condiciones operacionales inusuales. En estos casos, se debe proporcionar un descanso compensatorio una vez que la situación vuelve a la normalidad. Las excepciones se deberían de aplicar con cautela para no comprometer la seguridad operativa y la integridad del buque y su tripulación.

Figura 9.- Oficiales de guardia en el puente del buque

7.2.2. Guardias de Navegación

La guardia en navegación es fundamental para asegurar la seguridad del buque y la prevención de accidentes. Su objetivo es supervisar el rumbo, la velocidad y el tráfico circundante, así como responder adecuadamente a condiciones de riesgo como baja visibilidad o áreas de alto tráfico.

El oficial de guardia debe coordinar sus actividades con el timonel y el vigía, quienes deben estar debidamente capacitados y en condiciones de alerta, especialmente en zonas de tráfico denso o condiciones meteorológicas adversas (Barnett, Gatfield, & Pekcan, 2006).

7.2.2.1. Oficial de Guardia en el Puente

Las responsabilidades del oficial de guardia en el puente incluyen:

- Supervisar el rumbo del buque, ajustando los controles manuales o automáticos según sea necesario.
- Comprobar la precisión de los sistemas de navegación, como el compás magnético y el giroscópico, asegurando que los repetidores estén correctamente alineados.

- Mantener en operación las luces de navegación y los equipos de señalización, críticos para la seguridad en condiciones nocturnas o de baja visibilidad.
- Informar inmediatamente al capitán de cualquier situación anormal que pueda comprometer la seguridad, incluyendo tráfico cercano, condiciones climáticas adversas o fallos en los equipos esenciales (Gander, 2012; IMO, 2014).

7.2.2.2. Oficial de Guardia en la Sala de Máquinas

El oficial de guardia en la sala de máquinas es responsable de la supervisión y mantenimiento de los sistemas de propulsión y energía (Figura 10). Sus principales tareas son:

- Monitorear los indicadores de presión, los niveles de aceite y agua, y el rendimiento de los motores.
- Realizar inspecciones periódicas de los sistemas auxiliares y los espacios de maquinaria, especialmente en áreas donde no hay vigilancia constante.
- Asegurarse de que todos los sistemas de alarma y equipo de control estén en perfecto funcionamiento, listos para responder a cualquier orden desde el puente (Belcher et al., 2003).

Figura 10.- Sala de control de máquinas donde se realizan la guardia de máquinas

7.2.3. Guardias en Puerto

Durante la estancia del buque en puerto, la guardia tiene un rol crucial en la supervisión de operaciones de carga y descarga, especialmente cuando se manipulan materiales peligrosos, como productos químicos o hidrocarburos.

Estas guardias garantizan la protección del buque, la tripulación y el entorno mediante el control de accesos y la vigilancia constante para prevenir incidentes.

7.2.3.1. Oficial de Guardia en el Puente en Puerto

Las funciones del oficial de guardia en el puente en puerto incluyen:

- Asegurar el amarre seguro del buque y la estabilidad durante las operaciones de carga y descarga.
- Supervisar los equipos de extinción de incendios y otros dispositivos de seguridad, alertando al capitán en caso de detectar riesgos.
- Mantener comunicación constante con las autoridades portuarias y el personal en tierra, especialmente en situaciones de emergencia o cuando surjan necesidades operativas especiales (International Chamber of Shipping, 2013).

7.2.3.2. Oficial de Guardia en la Sala de Máquinas en Puerto

Las responsabilidades del oficial de guardia en la sala de máquinas en puerto son:

- Asegurar el funcionamiento seguro de los sistemas de maquinaria, prestando atención especial a los sistemas auxiliares y de emergencia.
- Llevar a cabo rondas de inspección para verificar que el sistema de prevención de contaminación esté activo y en cumplimiento con las normativas ambientales vigentes.
- Registrar cualquier incidente o medida de seguridad en el diario de máquinas, con el fin de asegurar una respuesta rápida ante cualquier anomalía durante las operaciones de carga, descarga o fondeo preparado para responder ante cualquier fuga o riesgo de incendio (Smith, Allen, & Wadsworth, 2006).

7.2.4. Manejo de Emergencias Durante las Guardias

El oficial de guardia debe estar entrenado para activar los protocolos de emergencia, tales como la notificación inmediata al capitán y la activación de sistemas de alarma.

En situaciones de incendio o ingreso de agua, el oficial de guardia está obligado a tomar todas las acciones necesarias para contener el incidente y proteger al personal. En casos extremos, como la posibilidad de abandono del buque, el equipo de guardia coordina la evacuación segura de toda la tripulación.

7.2.5. Servicio de Vigía

El servicio de vigía es una tarea esencial dentro de la guardia de navegación, cuyo propósito es asegurar una vigilancia continua en el puente de mando para identificar y responder a posibles peligros durante la navegación.

La implementación correcta del servicio de vigía, de acuerdo con la Regla 5 del Reglamento Internacional para Prevenir los Abordajes (COLREGS), 1972, es fundamental para garantizar la seguridad del buque y prevenir colisiones.

El personal de vigía cumple funciones específicas y debe estar exclusivamente dedicado a la vigilancia, sin asumir responsabilidades de timonel, salvo en embarcaciones pequeñas donde la visibilidad total y condiciones específicas lo permitan. En estas circunstancias, el timonel podría asumir también funciones de vigía, siempre que la seguridad del buque no se vea comprometida (IMO, 2014). El capitán y el oficial de guardia en el puente son responsables de evaluar las circunstancias y asignar el personal de vigía necesario, considerando factores como:

- <u>Condiciones meteorológicas y visibilidad</u>: En condiciones de niebla, oscuridad o mal tiempo, es esencial contar con vigías adicionales para aumentar la capacidad de detección de peligros.
- <u>Densidad del tráfico marítimo</u>: En áreas con tráfico denso, se requiere un servicio de vigía reforzado para monitorear y evitar acercamientos peligrosos con otros buques.
- <u>Proximidad de peligros para la navegación</u>: En áreas cercanas a peligros señalados en las cartas náuticas, el servicio de vigía debe intensificarse para identificar los riesgos de manera oportuna.
- <u>Atención a dispositivos de separación del tráfico</u>: En zonas con sistemas de separación de tráfico, el servicio de vigía debe ajustarse para seguir las normativas y evitar conflictos con otras embarcaciones (International Chamber of Shipping, 2013).

7.2.5.1. Vigía en Condiciones de Visibilidad Reducida

En caso de niebla u otras condiciones de visibilidad reducida, el oficial de guardia debe cumplir con las disposiciones específicas del Reglamento para Prevenir los Abordajes, que incluyen:

- Emisión de señales de niebla según lo establecido en la normativa.
- Ajuste de la velocidad a una velocidad de seguridad que permita maniobrar en caso de emergencia.
- Preparación de las máquinas para responder inmediatamente a órdenes desde el puente en caso de riesgo de colisión (Barnes, 2014).

7.2.5.2. Organización del Servicio de Vigía Nocturno

Durante la noche, el capitán y el oficial de guardia deben organizar el servicio de vigía considerando los equipos de apoyo disponibles en el puente, como el RADAR y el ECDIS, asegurando que el personal esté capacitado en su operación. Esto permite una vigilancia continua y efectiva, incluso en condiciones de baja visibilidad o tráfico denso, promoviendo la seguridad del buque y previniendo incidentes por falta de atención en el puente (Gander, 2012).

7.3. Factores Relacionados con la Fatiga y la Aptitud para el Servicio

La fatiga es un problema complejo en el ámbito marítimo que afecta tanto la seguridad operativa como la eficacia de las guardias a bordo. A nivel fisiológico, la fatiga se entiende como un estado de agotamiento físico y mental, producto de factores como el sueño insuficiente, el trabajo en horarios irregulares y el estrés ambiental. Tanto la Organización Marítima Internacional (OMI) como la Organización Internacional del Trabajo (OIT) han subrayado que la fatiga en el personal de navegación puede reducir drásticamente su capacidad de respuesta y toma de decisiones, siendo un factor de riesgo importante en la seguridad de la operación marítima (International Maritime Organization [IMO], 2002; International Labour Organization [ILO], 2011).

7.3.1. Ritmos Circadianos Interrumpidos

Los ritmos circadianos o el reloj biológico humano regulan el ciclo natural de sueño-vigilia en un ciclo de 24 horas. Este ciclo define los momentos de máxima alerta y los períodos de descanso del cuerpo humano.

En los marinos, los turnos rotativos y las guardias nocturnas alteran estos ritmos, provocando un sueño de menor calidad, ya que el cuerpo humano no está naturalmente predispuesto para descansar en cualquier momento del día. Este desajuste fisiológico entre el reloj biológico y los horarios de descanso produce una acumulación de déficit de sueño, lo que afecta directamente el rendimiento y aumenta la posibilidad de errores humanos en tareas críticas como la vigilancia y la navegación (Gander, 2012; Barnes, 2014).

Las alteraciones en los ritmos circadianos son uno de los factores más significativos en la fatiga de los marinos, ya que el organismo tarda en ajustarse a nuevos horarios de trabajo, especialmente en entornos de turnos rotativos. Este déficit en el descanso adecuado lleva a la fatiga acumulativa y afecta la toma de decisiones, la concentración y la respuesta ante emergencias (Smith et al., 2006; Crestelo, 2023). En situaciones de trabajo prolongado, como en operaciones de navegación de larga duración, estos efectos se amplifican, aumentando el riesgo de incidentes a bordo (Belcher et al., 2003).

7.3.2. Estrés por las Condiciones de Trabajo

El estrés es otro factor determinante en la fatiga de los marinos. A bordo, el personal está expuesto a condiciones que generan estrés físico y mental, como las vibraciones, el ruido constante de los motores, condiciones de temperatura extremas y limitaciones en las áreas de descanso y recreación. Estos factores no solo contribuyen al agotamiento físico, sino que también pueden deteriorar la salud mental del personal de guardia, reduciendo su estado de alerta y su capacidad de reacción en situaciones de emergencia (Barnett, Gatfield, & Pekcan, 2006).

Además, el estrés prolongado por factores ambientales puede derivar en problemas de salud física como dolores musculares, cansancio extremo y alteraciones en el sistema inmunológico, afectando la capacidad de los marinos para realizar sus tareas de forma eficiente.

Según la OIT, el estrés en los ambientes laborales marítimos debe abordarse mediante mejoras en el diseño de los alojamientos, la planificación de las guardias y la adopción de medidas de control de ruido y vibraciones para reducir el impacto en la tripulación (ILO, 2011).

7.3.3. Medidas para Gestionar la Fatiga y Mejorar la Aptitud para el Servicio

Reconociendo los riesgos de la fatiga en la tripulación, la OMI y la OIT han desarrollado guías para la gestión de la fatiga en el entorno marítimo. Entre las recomendaciones están la planificación adecuada de los turnos de guardia para asegurar períodos de descanso suficientes y la adopción de condiciones de trabajo que reduzcan los factores de estrés.

El convenio STCW establece que los marinos deben tener al menos 10 horas de descanso en un ciclo de 24 horas, preferiblemente en dos periodos con al menos uno de seis horas consecutivas, para mitigar los efectos acumulativos de la fatiga (IMO, 2002).

La mejora en la infraestructura a bordo, que incluya espacios de descanso más cómodos y condiciones de trabajo que minimicen el ruido y las vibraciones, es crucial para ayudar a la tripulación a recuperarse adecuadamente. Estas estrategias permiten una mayor capacidad de respuesta y reducen el riesgo de incidentes a bordo, fomentando un ambiente seguro y saludable para los marinos (Barnes, 2014).

7.4. Requisitos y Titulación del Personal de Guardia

El STCW establece que el personal de guardia debe contar con la titulación adecuada y estar capacitado en áreas fundamentales como navegación segura, gestión de emergencias y protección medioambiental. Esto asegura que el personal esté preparado para responder adecuadamente a emergencias y gestionar los riesgos tanto en alta mar como en puerto.

Los oficiales deben mantener sus competencias mediante programas de formación continua y actualización, garantizando que estén familiarizados con las últimas normativas y prácticas de seguridad y medio ambiente (Barnett et al., 2006).

La OMI exige que cada miembro de la tripulación participe en la formación continua para mantener altos estándares de seguridad operativa, creando una cultura de seguridad a bordo que minimiza los riesgos y refuerza la preparación de la tripulación para responder a incidentes (Belcher et al., 2003).

7.5. Referencias

Barnes, R. (2014). Fatigue and the Shipping Industry: Causes, Effects, and Management Solutions. Journal of Maritime Safety, 23(2), 85-99.

Belcher, P., Sampson, H., Thomas, M., Veiga, J., & Zhao, M. (2003). Seafarers' Fatigue: A Critical Review of the Scientific Literature. Cardiff: Cardiff University.

Barnett, M., Gatfield, D., & Pekcan, C. (2006). The role of culture, fatigue, and personal factors in maritime incidents. Maritime Policy & Management, 33(4), 451-465.

Gander, P. (2012). Managing fatigue in maritime operations: Best practices and standards. International Journal of Marine Science, 58(1), 10-17.

International Labour Organization (ILO) & International Maritime Organization (IMO). (2011). Guidelines on the Medical Examinations of Seafarers. Geneva: ILO.

International Maritime Organization (IMO). (2002). Guidelines on Fatigue Mitigation and Management. London: IMO.

Smith, A., Allen, P., & Wadsworth, E. (2006). Fatigue among seafarers working on long shifts: Risks and prevention. International Maritime Health, 57(1-4), 8-12.

International Maritime Organization (IMO). (2014). STCW: International Convention on Standards of Training, Certification and Watchkeeping for Seafarers. London: IMO.

Crestelo et al. (2023). Fatigue as a key human factor in complex sociotechnical systems: Vessel Traffic Services. Frontiers in Public Health, Volume 11. https://doi.org/10.3389/fpubh.2023.1160971

8. Seguridad de la Navegación

La seguridad de la navegación está regulada en el Capítulo V del Convenio Internacional para la Seguridad de la Vida Humana en el Mar (SOLAS), que recoge una serie de disposiciones fundamentales destinadas a garantizar una navegación segura. Este capítulo incluye normas que abarcan desde advertencias de navegación y servicios de tráfico marítimo hasta sistemas de notificación obligatorios para los buques. Estas medidas tienen como objetivo minimizar el riesgo de accidentes, salvaguardar la vida humana en el mar y promover una navegación eficiente y segura en todo el mundo.

8.1. Marco Normativo: SOLAS Capítulo V

El Capítulo V del SOLAS, actualizado con las enmiendas vigentes, cubre 35 reglas que abordan diferentes aspectos de la seguridad en la navegación, desde la provisión de servicios meteorológicos hasta la organización de tráfico marítimo y servicios de búsqueda y salvamento.

Cada norma proporciona una base de prácticas operativas estandarizadas que buscan reducir riesgos y mejorar la seguridad en las aguas internacionales (IMO, 2020; SOLAS Capítulo V, 2020).

8.1.1. Definiciones

Las definiciones en el Capítulo V de SOLAS establecen un lenguaje común y aclaran los términos utilizados en las disposiciones para evitar ambigüedades. A los efectos del presente capítulo:

Construido, con referencia a un buque, significa una fase de construcción en la que:

- La quilla ha sido colocada; o
- Comienza la construcción que puede identificarse como propia de un buque concreto; o

- Ha comenzado, respecto del buque de que se trate, el montaje que supone la utilización de cuando menos 50 toneladas del total estimado de material estructural o un 1% de dicho total, si este segundo valor es menor (Figura 11).

La expresión todos los buques se refiere a cualquier buque o nave, independiente de su tipo o propósito.

Buque de Pasajeros: cualquier embarcación que transporte más de 12 pasajeros, donde cada pasajero adicional implica mayores estándares de seguridad debido al riesgo involucrado en situaciones de emergencia.

Buque de Carga: se refiere a cualquier embarcación de comercio que no sea un buque de pasajeros. Estos buques deben cumplir con requisitos específicos de equipo y procedimientos de seguridad.

Finalmente, por eslora de un buque se debe entender su eslora total.

Figura 11.- Buque mercante en proceso de construcción sobre la grada de un astillero

8.1.2. Ámbito de Aplicación

El Capítulo V del SOLAS es aplicable a todas las embarcaciones, con particular énfasis en buques de pasaje, buques de carga y otras embarcaciones comerciales. Los requisitos varían según el tipo de buque y su tonelaje, ya que las dimensiones y las especificaciones de la embarcación influyen en su capacidad para navegar de manera segura (Figura 12).

Esta normativa aplica tanto en aguas internacionales como en las zonas de responsabilidad de cada Estado miembro, quienes deben velar por el cumplimiento de las normas dentro de sus áreas de influencia.

No obstante, salvo disposición expresa en otro sentido, el presente capítulo V del SOLAS se aplicará a todos los buques en la realización de cualquier viaje, excepción hecha de:

- Los buques de guerra, las unidades navales auxiliares y otros buques que sean propiedad de un Gobierno Contratante o explotados por éste, y que se utilicen sólo para su servicio y no para fines comerciales; y

- Los buques que sólo naveguen por los Grandes Lagos de América del Norte y las aguas que comunican a éstos entre sí y las que le son tributarias, limitadas al este por la salida inferior de la esclusa de St. Lambert en Montreal, provincia de Quebec, Canadá.

Figura 12.- Ejemplo de dos tipos de buques: el de la izquierda (mercante), obligado a cumplir con el Convenio SOLAS, y el de la derecha (buque de guerra), exento del cumplimiento del Capítulo V de dicho Convenio.

Sin embargo, se recomienda a los buques de guerra, las unidades navales auxiliares u otros buques que sean propiedad de un Gobierno Contratante o explotados por éste, y que se utilicen sólo para su servicio, que actúen de manera que, siempre que sea razonable y factible, se ajuste a lo dispuesto en el presente capítulo.

La Administración podrá decidir en qué medida será aplicable el presente capítulo a los buques que presten servicio únicamente en aguas situadas entre la costa y las líneas de base establecidas de conformidad con el derecho internacional.

Una unidad compuesta por una nave que empuja y una nave empujada conectadas de manera rígida, que haya sido proyectada como combinación integrada de remolcador y gabarra destinada a ser utilizada con ese fin, se considerará como un solo buque a los efectos del presente capítulo. 4.

La Administración determinará en qué medida las reglas 15, 16, 17, 18, 19, 20, 21, 22, 23, 24, 25, 26, 27 y 28 no se aplican a las siguientes categorías de buques:

- Buques de arqueo bruto inferior a 150 dedicados a cualquier tipo de viaje;
- Buques de arqueo bruto inferior a 500 que no estén dedicados a viajes internacionales; y
- Buques pesqueros.

8.1.3. Exenciones

El Capítulo V de SOLAS establece ciertas exenciones para los buques que operan en condiciones específicas o en áreas determinadas. Entre estas exenciones se encuentran:

Buques pequeños que no viajan en rutas internacionales y embarcaciones de recreo que no están sujetas a los mismos estándares que los buques de carga o pasaje.

Exenciones en equipos de navegación para aquellos buques que operan en áreas costeras o bajo condiciones controladas, siempre que estas condiciones minimicen los riesgos. Estas exenciones son otorgadas bajo la premisa de que el tipo de operación y el entorno de navegación justifican una menor necesidad de los equipos y procedimientos requeridos para buques de mayor tamaño o en rutas internacionales (International Maritime Organization [IMO], 2014).

No obstante, la Administración podrá conceder exenciones o equivalencias a ciertos buques cuando las características del viaje, como su distancia a tierra, duración, ausencia de riesgos y condiciones de seguridad, hagan innecesaria la aplicación total del capítulo, siempre que se evalúe el impacto en la seguridad de otros buques.

8.2. Avisos a la Navegación

La Regla 4 del Capítulo V del SOLAS establece que cada Gobierno Contratante debe tomar todas las medidas necesarias para asegurar que cualquier información recibida de fuentes confiables acerca de peligros potenciales en el mar se comunique de inmediato a quienes puedan verse afectados.

Esta obligación incluye la transmisión de dicha información a otros gobiernos interesados, garantizando que todos los buques en la zona puedan ajustar sus rutas y adoptar medidas preventivas. Este sistema de avisos es esencial para mitigar riesgos y proteger tanto la seguridad de la navegación como la vida humana en el mar (IMO, 2020).

Las advertencias de navegación son cruciales para la seguridad de la navegación. Emitidas a través del Sistema Mundial de Socorro y Salvamento Marítimo (SMSSM), estas advertencias informan a los buques de peligros en sus rutas, como obstrucciones en el tráfico, fenómenos naturales y cambios en las condiciones de navegación.

Los sistemas de advertencia se mantienen activos y accesibles las 24 horas para todos los buques en áreas de influencia internacional, facilitando una navegación informada y segura (IMO, 2020).

8.3. Servicios Meteorológicos

La meteorología es otro pilar de la seguridad en la navegación. La Regla 5 del SOLAS se centra en la provisión de servicios meteorológicos para ayudar en la navegación segura.

Los Estados miembros tienen la responsabilidad de fomentar la recopilación de datos meteorológicos por parte de los buques en tránsito y de organizar el análisis, difusión e intercambio de estos datos de la manera que mejor convenga a la seguridad en la navegación en sus áreas de responsabilidad, proporcionando información sobre tormentas, ciclones, olas, hielo y condiciones de visibilidad. Estos servicios están diseñados para ayudar a los buques a evitar áreas peligrosas y adaptar sus rutas en función de las condiciones meteorológicas, garantizando así una mayor seguridad operacional en alta mar (World Meteorological Organization [WMO], 2021).

8.4. Servicio de Vigilancia de Hielos

El Servicio de Vigilancia de Hielos en el Atlántico Norte, esta regulado por la Regla 6 del Capítulo V del Convenio SOLAS en la que se establece que este servicio es fundamental para la seguridad de la vida en el mar, la eficacia de la navegación y la protección del medio ambiente marino, particularmente en el Atlántico Norte.

Los buques que navegan por la región de hielos, especialmente cerca de los Grandes Bancos de Terranova, deben hacer uso de este servicio durante la estación de hielos, la cual se extiende del 15 de febrero al 1 de julio cada año. Durante este período, el servicio de vigilancia controla los límites sudeste, sur y sudoeste de la región de hielos, informando sobre su extensión a los buques que atraviesan estas áreas.

Los Gobiernos Contratantes, especialmente aquellos con intereses en la navegación en el Atlántico Norte, deben mantener un servicio de vigilancia de hielos y desarrollar estudios y observaciones del régimen de hielos en esta área.

El servicio no solo informa sobre la ubicación y densidad de los hielos, sino que también ofrece asistencia a los buques y tripulaciones que la necesiten. Durante el resto del año, el servicio continúa sus actividades de monitoreo y estudio para mejorar la comprensión de las dinámicas del hielo y proporcionar datos actualizados para futuras navegaciones.

El Gobierno de los Estados Unidos es responsable de administrar el servicio de vigilancia de hielos en el Atlántico Norte, garantizando la disponibilidad de buques y aeronaves para las patrullas. Estos recursos pueden ser utilizados para otros fines, siempre y cuando no interfieran con la misión de vigilancia de hielos ni incrementen el costo del servicio.

Los términos de administración, operación y financiación de este servicio están detallados en acuerdos específicos adjuntos al SOLAS. Si en algún momento el Gobierno de los Estados Unidos o Canadá desean cesar sus responsabilidades en el servicio, deben notificar su decisión a los Gobiernos Contratantes con al menos 18 meses de anticipación, permitiendo así una transición adecuada y manteniendo la continuidad del servicio bajo los intereses comunes de la comunidad marítima internacional.

8.5. Servicios de Búsqueda y Salvamento y Señales de Salvamento

La Regla 7 del Capítulo V del SOLAS establece que cada Gobierno Contratante es responsable de tomar todas las medidas necesarias para asegurar que existan servicios de búsqueda y salvamento efectivos en sus áreas de jurisdicción. Esto incluye la creación y mantenimiento de centros de coordinación que faciliten las comunicaciones de emergencia y las operaciones de rescate.

Cada gobierno debe establecer los recursos necesarios, tales como embarcaciones y aeronaves, en función de la densidad del tráfico y los peligros específicos que puedan amenazar la navegación en sus aguas.

Además, los Estados miembros deben proporcionar a la Organización Marítima Internacional (OMI) detalles sobre los medios de búsqueda y salvamento que están disponibles, incluyendo planes de actualización o mejora de estos servicios.

La OMI recomienda que los buques de pasaje cuenten con un plan de cooperación detallado para situaciones de emergencia, el cual debe ser desarrollado en colaboración entre el personal del buque, la compañía operadora y los servicios de búsqueda y salvamento locales.

La Regla 8 del SOLAS regula el uso de señales de salvamento para coordinar de manera efectiva la comunicación entre los buques en peligro y las unidades de rescate, como estaciones costeras y aeronaves especializadas en operaciones de búsqueda y salvamento.

Esta regla asegura que los procedimientos de comunicación sean claros y estandarizados, de modo que las operaciones de rescate puedan llevarse a cabo de manera rápida y eficiente, minimizando los riesgos para las personas involucradas. En el puente de mando de cada buque deben estar disponibles las tablas ilustradas con las señales de salvamento, para su uso inmediato en caso de emergencia (Figura 13).

Figura 13.- Tabla de Señales de Emergencias

8.6. Servicios Hidrográficos

La Regla 9 del Capítulo V del SOLAS establece que los Gobiernos Contratantes tienen la obligación de recopilar, compilar y mantener actualizada toda la información hidrográfica necesaria para garantizar la seguridad de la navegación.

Estos datos incluyen información crucial sobre las características submarinas, tales como profundidades, corrientes y obstáculos, que son vitales para una navegación segura, especialmente en aguas poco exploradas o de difícil acceso (International Maritime Organization [IMO], 2020).

En esta misma regla se definen los levantamientos hidrográficos como operaciones esenciales para asegurar que las aguas en las que operan los buques sean correctamente cartografiadas.

Según la Regla 9.2.1 del SOLAS, los Gobiernos deben garantizar que estos levantamientos se realicen conforme a las necesidades de la navegación segura. Esto incluye la recolección de datos actualizados sobre la profundidad del agua, la forma del fondo marino y cualquier obstáculo que pueda representar un riesgo para los buques, especialmente en zonas de alto tráfico o con condiciones cambiantes.

La misma Regla 9 también obliga a los Estados a publicar y distribuir cartas náuticas, derroteros, tablas de mareas, cuadernos de faros y otras publicaciones que sean necesarias para facilitar la navegación segura.

Estas publicaciones deben estar disponibles para todos los marinos y deben actualizarse regularmente para reflejar cualquier cambio en las condiciones hidrográficas o en los peligros potenciales (Canadian Hydrographic Service, 2018).

Además, los avisos a los navegantes deben difundirse con regularidad para asegurar que las cartas y publicaciones náuticas se mantengan actualizadas, como se establece en la Regla 9.2.3 del SOLAS.

Los Gobiernos Contratantes tienen la obligación de proporcionar información de manera oportuna a las tripulaciones y operadores de los buques, permitiendo que estos ajusten sus rutas en función de las condiciones actuales.

8.7. Organización del Tráfico Marítimo

La Regla 10 del Capítulo V del SOLAS establece las bases para la creación de sistemas de organización del tráfico marítimo, los cuales son fundamentales para mejorar la seguridad de la vida humana en el mar, la eficiencia en la navegación y la protección del medio ambiente marino.

Estos sistemas están diseñados para regular el flujo de buques en áreas donde existe un alto riesgo de colisión o en zonas sensibles por su importancia ecológica.

Los sistemas de organización del tráfico marítimo pueden ser obligatorios para ciertas categorías de buques o cargas, dependiendo del tipo de riesgo que representen para la seguridad en las aguas específicas.

La Organización Marítima Internacional (OMI) es el único organismo autorizado para elaborar las directrices y criterios que regulan estos sistemas, garantizando la uniformidad y la seguridad en su aplicación internacional.

La responsabilidad de proponer la creación de un sistema de organización del tráfico marítimo recae sobre los Gobiernos de los Estados Contratantes. Estos gobiernos pueden establecer sistemas de forma individual o conjunta cuando tienen intereses comunes en una determinada zona.

Antes de que estos sistemas sean adoptados oficialmente, la OMI verifica que las propuestas sean difundidas entre todos los gobiernos interesados, incluidos los países vecinos o aquellos que comparten rutas marítimas afectadas por el sistema propuesto.

Una vez adoptado, el sistema de organización del tráfico debe ser implementado por los gobiernos responsables, quienes deben garantizar que toda la información relevante sea transmitida a los buques que navegan en las áreas afectadas. Los sistemas incluyen instrucciones detalladas para la navegación segura y el cumplimiento de estas normas es monitoreado por los Estados que tienen jurisdicción en la zona.

Además, los buques están obligados a utilizar estos sistemas de tráfico cuando navegan en áreas donde son obligatorios, salvo en casos excepcionales que deberán ser justificados y registrados en el diario de navegación del buque. Las autoridades marítimas responsables también deben supervisar el tráfico dentro de estos sistemas para asegurar que los buques sigan las rutas establecidas y evitar así incidentes peligrosos.

Por último, cuando dos o más gobiernos compartan intereses en una misma zona de navegación, se insta a que formulen propuestas conjuntas para implementar un sistema de tráfico coordinado. La OMI asegura que todas las partes interesadas sean informadas y consultadas antes de la adopción de cualquier medida, garantizando la cooperación internacional y el cumplimiento de las normas de derecho internacional, como las establecidas en la Convención de las Naciones Unidas sobre el Derecho del Mar (UNCLOS, 1982).

8.8. Sistemas de Notificación para Buques y Servicios de Tráfico Marítimo

La Regla 11 del Capítulo V del SOLAS establece que los sistemas de notificación para buques contribuyen significativamente a la seguridad de la vida humana en el mar, la eficiencia de la navegación y la protección del medio marino.

Estos sistemas están diseñados para que los buques proporcionen información sobre su posición, rumbo y destino a las autoridades pertinentes, permitiendo una gestión eficiente del tráfico y una respuesta coordinada en caso de emergencia.

Cuando se adopta un sistema de notificación para buques conforme a las directrices de la Organización Marítima Internacional (OMI), todos los buques, o ciertas clases de buques o aquellos que transporten determinadas cargas, deben seguir las disposiciones del sistema. Estos sistemas permiten a las autoridades rastrear el tráfico marítimo y proporcionar asistencia en caso de necesidad, garantizando la seguridad operacional tanto en aguas internacionales como en áreas de jurisdicción nacional (IMO, 2020). Los Gobiernos Contratantes que propongan sistemas de notificación deben someter estas propuestas a la OMI, que se encargará de difundir la información entre los gobiernos interesados. Además, los buques que operan bajo estos sistemas deben cumplir con todas las disposiciones exigidas y reportar cualquier información necesaria a las autoridades competentes. La participación en estos sistemas es gratuita para los buques.

La Regla 12 del SOLAS detalla los requisitos para los Servicios de Tráfico Marítimo (STM), los cuales están diseñados para mejorar la seguridad de la navegación en áreas con alto tráfico o riesgos específicos, como zonas costeras y estrechos.

Los STM proporcionan asistencia directa a los buques en ruta, coordinando su movimiento y asegurando que cumplan con las normativas de navegación. Estos servicios son esenciales para prevenir colisiones y otros accidentes marítimos.

Los Gobiernos Contratantes tienen la responsabilidad de establecer estos servicios en áreas donde el tráfico marítimo lo justifique o donde el grado de riesgo sea elevado. El establecimiento y la utilización de los STM deben seguir las directrices de la OMI. Sin embargo, la obligatoriedad de estos servicios solo se puede aplicar dentro de las aguas territoriales de un Estado, lo que limita su imposición en áreas de alta mar, a menos que exista un acuerdo internacional.

8.9. Establecimiento y Funcionamiento de las Ayudas a la Navegación

La Regla 13 del Capítulo V del SOLAS obliga a los Gobiernos Contratantes a establecer y mantener ayudas a la navegación que sean apropiadas y necesarias para garantizar la seguridad de la navegación en sus áreas de responsabilidad. Entre las ayudas a la navegación se incluyen faros, boyas, balizas y otros dispositivos diseñados para proporcionar referencias visuales, auditivas o electrónicas que asistan a los navegantes en la identificación de rutas seguras y la prevención de accidentes. La instalación y mantenimiento de estos sistemas deben llevarse a cabo conforme a estándares y recomendaciones internacionales, como las establecidas por la Asociación Internacional de Señalización Marítima (IALA), con el objetivo de fomentar la uniformidad y la interoperabilidad de los sistemas de señalización en todo el mundo.

Además, los Estados son responsables de garantizar que estas ayudas sean eficientes y brinden una señalización clara y fiable para los buques, especialmente en aguas territoriales, canales de acceso a puertos y zonas de alto riesgo. Para ello, deben realizar inspecciones y evaluaciones periódicas que permitan verificar el correcto funcionamiento de los dispositivos y asegurar que cumplan con su propósito de facilitar una navegación segura y eficiente.

Para asegurar la efectividad de estas ayudas a la navegación, los Estados deben implementar planes de monitoreo y mantenimiento que permitan detectar y corregir cualquier falla o deterioro en los dispositivos instalados. Asimismo, es fundamental la cooperación entre naciones para coordinar la señalización en aguas internacionales y mejorar la seguridad en rutas marítimas de alto tránsito. La implementación de tecnologías avanzadas, como sistemas de posicionamiento global (GPS) y señalización electrónica.

8.9.1. Dotación Mínima y Seguridad Operativa

La Regla 14 del Capítulo V del Convenio SOLAS establece que cada Estado Contratante es responsable de asegurar que sus buques cuenten con una dotación mínima de personal competente y suficiente para garantizar la seguridad en el mar. Esta dotación debe permitir operaciones seguras y eficaces considerando el tamaño y tipo de buque, la duración de los viajes y las necesidades de seguridad específicas de cada operación (International Maritime Organization [IMO], 2020).

8.9.2. Documento de Dotación Mínima de Seguridad

Para cumplir con esta normativa, cada buque debe tener un Documento de Dotación Mínima de Seguridad emitido por la administración del Estado de abanderamiento. Este documento verifica que el buque tiene a bordo el número y tipo de tripulantes necesarios según las directrices de la OMI, y debe estar disponible en todo momento para demostrar el cumplimiento de los requisitos de seguridad establecidos (International Labour Organization [ILO], 2016).

8.9.3. Idioma de Trabajo a Bordo

La Regla 14 también requiere que en cada buque se establezca un idioma de trabajo oficial para facilitar la comunicación y el cumplimiento seguro de las tareas. Este idioma de trabajo debe estar registrado en el diario de navegación. Si el idioma de trabajo difiere del idioma oficial del Estado del pabellón, se deben proporcionar traducciones de los planos y documentos clave al idioma de trabajo (IMO, 2017). Además, en todos los buques de los Estados Contratantes, el inglés debe utilizarse en el puente para las comunicaciones de seguridad. Esto incluye las comunicaciones entre buques, con autoridades costeras y durante las interacciones con el práctico. El uso del inglés en estas circunstancias busca eliminar barreras lingüísticas, aumentando la seguridad en situaciones de tráfico denso o emergencia (International Chamber of Shipping, 2013).

8.10. Reglas Relativas al Puente de Gobierno

Las reglas en el Capítulo V del Convenio SOLAS relacionadas con el puente de gobierno establecen requisitos esenciales para el diseño, disposición, mantenimiento y operación de los sistemas en el puente de mando (Figura 14). Estas reglas están diseñadas para mejorar la seguridad de la navegación, facilitar el trabajo de la tripulación y reducir el riesgo de errores humanos (International Maritime Organization [IMO], 2020).

Figura 14.- Puente de gobierno de un buque mercante

8.10.1. Principios del Diseño y Disposición del Puente

La Regla 15 estipula que el diseño del puente debe facilitar el trabajo de la tripulación, proporcionando acceso continuo a la información crítica.

El diseño debe incluir símbolos y codificaciones estandarizadas, garantizando que los sistemas automáticos y subsistemas operen de manera clara y sin ambigüedades.

Este enfoque ayuda en la toma de decisiones y reduce la probabilidad de distracciones o fatiga, factores que pueden comprometer la seguridad de la navegación (International Chamber of Shipping, 2013).

8.10.2. Mantenimiento de los Aparatos Náuticos

La Regla 16 requiere que los equipos del puente se mantengan en condiciones óptimas de funcionamiento.

La bandera del buque es responsable de asegurar que cualquier fallo en estos sistemas se repare tan pronto como sea posible, con el fin de evitar riesgos innecesarios en el mar.

No obstante, se permite que un buque continúe su travesía hacia un puerto donde puedan efectuarse reparaciones, siempre que el capitán tome medidas adecuadas para mitigar los riesgos (IMO, 2017).

8.10.3. Compatibilidad Electromagnética

Para evitar que el equipo eléctrico y electrónico en el puente cause interferencias, la Regla 17 exige que estos dispositivos se sometan a pruebas de compatibilidad electromagnética.

Este requisito asegura que los sistemas de comunicación y navegación no se vean afectados, lo cual es especialmente importante para los buques construidos después de 2002 (IALA, 2018).

8.10.4. Aprobación y Reconocimientos

La Regla 18 requiere que todos los sistemas y aparatos náuticos a bordo de un buque sean aprobados y reconocidos según normas internacionales. Estos equipos deben cumplir con estándares que aseguren su operatividad y resistencia en situaciones críticas.

Además, la regla estipula la verificación periódica del registrador de datos de la travesía o "Video Data Recorder" (VDR), también llamada la "caja negra", la cual es fundamental en las investigaciónes en caso de incidentes/accidentes (International Chamber of Shipping, 2013).

8.10.5. Prescripciones de los Aparatos Náuticos a Bordo

La Regla 19 del Capítulo V del SOLAS establece requisitos esenciales sobre los equipos de navegación que deben estar instalados en cada buque, tomando en cuenta su tamaño, tipo de operación y áreas de navegación.

La OMI especifica que la dotación de equipos de navegación adecuados es fundamental para reducir riesgos de colisión, optimizar la respuesta en situaciones de emergencia y mejorar la seguridad en alta mar.

Los sistemas incluyen desde radares y sistemas de identificación automática hasta alarmas y dispositivos de seguimiento para garantizar que los buques operen bajo condiciones de navegación seguras en cualquier circunstancia (IMO, 2020).

8.10.5.1. Sistemas Obligatorios para la Navegación Segura

Cada buque debe contar con una serie de equipos específicos que aseguren su posicionamiento, detección de obstáculos y comunicación en tiempo real. Los sistemas incluyen:

- **Radar y Sistemas de Detección de Obstáculos:** El radar es indispensable para detectar otras embarcaciones, objetos flotantes y obstáculos en condiciones de baja visibilidad.

La OMI requiere que los buques de mayor tonelaje o que operen en rutas internacionales dispongan de radares con funciones de rastreo automático, permitiendo a la tripulación monitorizar la posición y velocidad de los objetos cercanos.

En los buques más grandes, es común la instalación de radares redundantes para garantizar una operación continua en caso de fallo de uno de los sistemas (International Chamber of Shipping, 2013).

– **Sistema de Identificación Automática (AIS):** El AIS permite la transmisión y recepción de datos de identificación y navegación entre buques y estaciones en tierra, incluyendo información sobre el nombre del buque, rumbo, velocidad y destino.

Este sistema es obligatorio para los buques de arqueo bruto mayor a 300 toneladas y para aquellos dedicados al transporte de pasajeros. El AIS mejora la conciencia situacional de la tripulación y facilita las comunicaciones con otras embarcaciones en áreas de alto tráfico (IALA, 2018).

– **Sistemas de Posicionamiento Global (GPS):** La mayoría de los buques modernos deben contar con sistemas GPS u otras tecnologías de posicionamiento para garantizar una localización precisa.

Estos sistemas son fundamentales para la navegación y, en combinación con cartas náuticas electrónicas, permiten a los oficiales de navegación planificar rutas y reaccionar rápidamente ante cualquier cambio en las condiciones de navegación (International Maritime Organization, 2020).

– **Sistemas de Alarma y Monitoreo de Seguridad:** Para responder rápidamente a emergencias, la OMI exige sistemas de alarma automáticos, que alertan a la tripulación sobre situaciones críticas como incendios, entradas de agua y fallos en los equipos.

En buques de gran tamaño, es común que se instalen sistemas de alarma integrados que centralizan y comunican todas las alertas al puente de mando, permitiendo una respuesta coordinada.

– **Registro de Datos de la Navegación (VDR):** El Registrador de Datos de la travesía, o "caja negra", es obligatorio en muchos buques y registra datos esenciales de navegación, comunicaciones y alarmas (Figura 15). En caso de accidente, el VDR permite investigar las causas y tomar medidas para evitar incidentes similares en el futuro. La OMI exige verificaciones periódicas de este equipo para asegurar su funcionalidad y confiabilidad en situaciones críticas (IMO, 2020).

Figura 15.- Registrador de datos de la travesía o caja negra (VDR)

La OMI a su vez, establece que los sistemas de navegación deben ser continuamente actualizados para que el buque opere bajo las condiciones de seguridad más recientes.

En aguas internacionales, donde el tráfico es elevado o existen condiciones difíciles, contar con equipos de última tecnología y mantenimientos constantes asegura que la tripulación tenga la mejor información disponible para la toma de decisiones (IMO, 2020).

Además, la conectividad con estaciones costeras y sistemas de tráfico marítimo garantiza que los buques reciban actualizaciones de ruta, condiciones meteorológicas y alertas de tráfico en tiempo real, mejorando así la eficiencia de la navegación y la respuesta en caso de emergencia.

Tabla 5.- Sistemas obligatorios para la navegación segura

Equipo	Descripción
GPS	Posicionamiento y navegación
AIS	Identificación de buques
SIVCE (ECDIS)	Sistema de información y visualización de cartas electrónicas
RADAR/ARPA	Sistema de detección por radiaciones electromagnéticas
VDR	Registrador de datos de la travesía

8.11. Medios para el Transbordo de Prácticos

La Regla 23 del Capítulo V del Convenio SOLAS regula los medios que los buques deben tener a disposición para el seguro embarque y desembarque de prácticos (Figura 16).

Un práctico es un navegante con conocimiento especializado en la navegación de áreas específicas (como puertos y estrechos), y su embarque seguro es fundamental para la maniobra precisa y la protección del buque, la tripulación y el medio ambiente.

Esta regla establece que los buques deben contar con dispositivos específicos, como escalas de práctico, plataformas de acceso y puntos de seguridad, que cumplan con los requisitos técnicos y de seguridad internacionales (IMO, 2020).

La correcta implementación de estas disposiciones reduce el riesgo de caídas y accidentes durante el transbordo, promoviendo un proceso eficiente y seguro para todos los involucrados.

Figura 16.- Embarcación de practicos escoltando a un buque en maniobra de salida

8.11.1. Escala de Práctico y Dispositivos de Acceso

Para el transbordo de prácticos, la Regla 23 exige que los buques dispongan de una escala de práctico que cumpla con estándares específicos de construcción y mantenimiento.

La escala debe ser fabricada con materiales antideslizantes y resistentes, y estar diseñada de modo que su despliegue y recuperación puedan ser realizados sin riesgo para la tripulación o el práctico.

Además, es fundamental que la escala esté equipada con dispositivos de seguridad adicionales, como barras estabilizadoras y líneas de vida, para ofrecer un soporte adecuado durante el ascenso y descenso del práctico (International Chamber of Shipping, 2013).

8.11.2. Supervisión y Mantenimiento de los Dispositivos de Transbordo

El mantenimiento regular de las escalas y plataformas es esencial para cumplir con los estándares de seguridad, de acuerdo con la Regla 23.

La tripulación a bordo debe inspeccionar frecuentemente estos dispositivos para asegurar que estén en óptimas condiciones de funcionamiento, especialmente antes de la llegada del práctico.

Los elementos de sujeción y anclaje deben verificarse para garantizar la estabilidad, evitando así posibles accidentes debido a equipo en mal estado o inadecuado (IALA, 2018).

8.11.3. Obligaciones de los Gobiernos Contratantes

Según la Regla 23, los Gobiernos Contratantes del SOLAS son responsables de verificar que los buques bajo su pabellón cumplan con las normativas sobre los medios de transbordo de prácticos.

Esto incluye inspecciones periódicas y certificaciones que garanticen la seguridad y la eficiencia de estos medios. Adicionalmente, los gobiernos deben asegurar que los buques proporcionen un entorno seguro tanto para el práctico como para la tripulación que asiste en el proceso de embarque (IMO, 2020).

8.12. Control del Rumbo y Aparato de Gobierno

La Regla 24 del Capítulo V del SOLAS establece la obligatoriedad de emplear sistemas de control automático del rumbo, conocidos como pilotos automáticos, en buques que cumplan con los requisitos de tamaño y tipo.

Estos sistemas deben permitir que el oficial de guardia ajuste rápidamente el rumbo en situaciones de emergencia o condiciones de navegación cambiantes.

Además, deben ofrecer una transición rápida y segura al control manual en caso necesario, facilitando así la seguridad de la navegación y la capacidad de maniobra en entornos de alta densidad de tráfico o condiciones climáticas adversas (International Maritime Organization [IMO], 2020).

8.12.1. Funcionamiento del Aparato de Gobierno

La Regla 25 regula el funcionamiento del aparato de gobierno, que debe permitir una respuesta precisa y rápida a las órdenes de timón en cualquier situación. Esto es esencial para prevenir colisiones y mantener el curso en condiciones operativas normales y adversas. La norma exige que el sistema de gobierno esté en óptimas condiciones, siendo capaz de responder adecuadamente para cumplir con los requisitos de seguridad en navegación. La correcta operación de estos sistemas es clave para la estabilidad del buque y su seguridad en alta mar (International Chamber of Shipping, 2013).

8.12.2. Aparato de Gobierno: Pruebas y Prácticas

Según la Regla 26 del SOLAS, es obligatorio realizar pruebas y prácticas periódicas del aparato de gobierno para garantizar su adecuado funcionamiento. Estas pruebas incluyen la verificación de la respuesta del timón y la maniobrabilidad del buque en diferentes condiciones de velocidad y carga. La realización de estas pruebas asegura que el equipo de navegación y el personal de máquinas estén familiarizados con el sistema de gobierno, permitiéndoles actuar eficazmente en situaciones de emergencia. Además, la regla requiere que los resultados de cada prueba se registren en el diario de navegación para futuras referencias e inspecciones (International Maritime Organization, 2017).

8.13. Cartas Náuticas, Registros de Actividades y Señales de Salvamento

La Regla 27 del SOLAS establece que los buques deben llevar cartas y publicaciones náuticas actualizadas y adecuadas para su viaje, tales como derroteros, cuadernos de faros y tablas de mareas. Estas cartas y publicaciones proporcionan la información esencial para la planificación segura de la navegación, permitiendo a la tripulación adaptarse a cambios en condiciones marítimas y ambientales. La OMI exige que cada carta o publicación se mantenga en condiciones óptimas y esté actualizada para garantizar que las rutas de navegación sean seguras y eficientes (International Maritime Organization [IMO], 2020).

8.14. Registros de las Actividades de Navegación e Informes Diarios

La Regla 28 especifica que todos los buques deben mantener un registro detallado de sus actividades de navegación y eventos relevantes que impacten la seguridad a bordo. Este registro es fundamental para crear un historial del viaje, útil para la gestión del buque e investigaciones en caso de incidentes. Además, los buques que superen un determinado arqueo bruto deben enviar un informe diario a la compañía, incluyendo información sobre la posición, rumbo, velocidad y cualquier condición que afecte la operación normal. Estos informes deben transmitirse de forma confiable y verificados por el capitán, garantizando que la información sea precisa y accesible (International Chamber of Shipping, 2013).

8.15. Señales de Salvamento para Buques, Aeronaves y Personas en Peligro

La Regla 29 obliga a los buques a contar con una tabla ilustrada que describa las señales de salvamento, asegurando que el oficial de guardia y la tripulación puedan comunicarse eficazmente en situaciones de emergencia. Estas señales, disponibles para todos a bordo, facilitan la comunicación entre buques, estaciones de salvamento y aeronaves, permitiendo una respuesta rápida y organizada en caso de peligro y optimizando las operaciones de rescate (International Maritime Organization, 2017).

8.16. Cartas y Publicaciones Náuticas, Registros de Actividades y Señales de Salvamento

La Regla 27 del SOLAS obliga a todos los buques a llevar cartas y publicaciones náuticas adecuadas y actualizadas, tales como derroteros, cuadernos de faros y avisos a los navegantes. Esta documentación es fundamental para una navegación segura, ya que proporciona al equipo de mando la información necesaria para planificar rutas y adaptar sus decisiones a las condiciones de navegación y posibles peligros en la ruta. La Organización Marítima Internacional (OMI) especifica que cada buque debe tener acceso a cartas y publicaciones en perfectas condiciones y actualizadas, mejorando así la eficiencia y seguridad de la navegación (International Maritime Organization [IMO], 2020).

8.17. Señales de Salvamento para Buques, Aeronaves y Personas en Peligro

La Regla 29 requiere que todos los buques cuenten con una tabla ilustrada que describa las señales de salvamento, facilitando la comunicación entre el buque y las unidades de rescate en situaciones de emergencia. Estas señales son un componente esencial de la seguridad a bordo, permitiendo que los buques y personas en peligro se comuniquen eficazmente con aeronaves, estaciones de salvamento y otros buques. El uso de estas señales asegura que, en caso de emergencia, las operaciones de rescate se lleven a cabo de manera rápida y coordinada (IMO, 2017).

8.18. Dispositivos y Procedimientos para la Seguridad en la Navegación

La Regla 30 del SOLAS establece que todos los buques de pasaje deben disponer de una lista documentada de sus limitaciones operacionales antes de su entrada en servicio. Esta lista debe incluir restricciones relacionadas con zonas de operación, condiciones meteorológicas y de mar, carga autorizada y velocidad máxima. Este documento, disponible a bordo para el capitán y la tripulación, asegura que el buque opere bajo condiciones seguras en todo momento, conforme a los estándares internacionales de seguridad marítima (International Maritime Organization [IMO], 2020).

8.18.1. Mensajes de Peligro

Según la Regla 31, los capitanes tienen la obligación de informar sobre cualquier peligro inmediato para la navegación, como presencia de hielo, tormentas tropicales o acumulaciones de hielo en las superestructuras, a otros buques cercanos y autoridades competentes. Estos mensajes de peligro deben emitirse gratuitamente para los buques implicados, utilizando un lenguaje claro o el Código Internacional de Señales, con el fin de asegurar una respuesta rápida y coordinada ante situaciones de emergencia (International Chamber of Shipping, 2013).

8.18.2. Planificación del Viaje

La Regla 32 requiere que los capitanes planifiquen cada viaje utilizando cartas y publicaciones náuticas apropiadas. La planificación debe incluir aspectos como los sistemas de organización del tráfico, el espacio de maniobra y una ruta que minimice riesgos al medio ambiente marino. Este requisito es crucial para reducir riesgos operativos y garantizar una navegación segura (International Maritime Organization, 2017).

8.18.3. Obligaciones de Asistencia a Buques o Personas en Peligro

La Regla 33 subraya la responsabilidad de cualquier capitán de prestar asistencia a buques o personas en peligro en el mar, siempre que la operación de rescate no ponga en peligro a su propio buque y tripulación. Este deber refuerza el compromiso de la seguridad y la solidaridad en el mar, basándose en principios de seguridad marítima y humanitaria (IMO, 2020).

8.18.4. Facultades Discrecionales del Capitán

Finalmente, la Regla 34 del SOLAS garantiza que el capitán tenga autoridad plena para tomar decisiones relacionadas con la seguridad del buque y su tripulación. Ninguna persona, incluidos propietarios o fletadores, puede interferir en las decisiones del capitán cuando estas estén orientadas a proteger el buque, la tripulación y el medio ambiente, permitiendo una gestión operativa adecuada y responsable (IMO, 2020).

8.19. Medidas Especiales para Mejorar la Seguridad Marítima

La Regla 1 del Capítulo XI-1 del SOLAS establece la autorización de organizaciones reconocidas para llevar a cabo inspecciones y certificaciones en nombre del Estado del pabellón. Estas organizaciones, como las sociedades de clasificación, deben cumplir con los estándares y lineamientos establecidos en la resolución MSC.208(81) de la OMI, garantizando que los buques mantengan condiciones de seguridad adecuadas y minimicen riesgos en las operaciones marítimas (Maritime and Coastguard Agency, 2021).

8.19.1. Reconocimientos Mejorados

La Regla 2 establece la implementación de un programa de inspecciones más riguroso para graneleros y petroleros, asegurando la integridad estructural de los buques y reduciendo el riesgo de incidentes que puedan afectar tanto a la tripulación como al medio ambiente. Este enfoque mejora la durabilidad de los buques mientras refuerza su seguridad operativa (European Maritime Safety Agency, 2019).

8.19.2. Número de Identificación del Buque

La Regla 3 exige que todos los buques de pasaje y buques de carga con cierto arqueo bruto posean un número de identificación único asignado por la OMI. Este número, que debe estar marcado permanentemente en el casco y aparecer en los certificados de los buques, facilita la identificación de las embarcaciones en puertos y durante operaciones internacionales, promoviendo la transparencia y la trazabilidad (United Nations Conference on Trade and Development [UNCTAD], 2020).

8.19.3. Registro de Sinopsis Continua

La Regla 5 requiere que los buques que cumplan con el capítulo I del SOLAS mantengan un Registro Sinóptico Continuo (CSR) que documente información esencial sobre el estado de propiedad, bandera y otros datos relevantes del buque. Este registro, disponible para inspección y regularmente actualizado, permite asegurar la coherencia documental y facilita el cumplimiento de las normas internacionales durante transferencias de propiedad o cambio de pabellón (Lloyd's Register, 2018).

Tabla 6.- Resumen de Normas de Seguridad SOLAS

Sección	Regla	Descripción
Dispositivos y Procedimientos para la Seguridad en la Navegación	30	Los buques de pasaje deben contar con un documento de limitaciones operacionales para garantizar la seguridad.
Mensajes de Peligro	31	Los capitanes deben informar sobre peligros inmediatos a otros buques y autoridades, utilizando lenguaje claro o el Código Internacional de Señales.
Planificación del Viaje	32	Se requiere planificación del viaje con cartas y publicaciones náuticas adecuadas, considerando tráfico, maniobra y riesgos ambientales.
Obligaciones de Asistencia	33	Los capitanes deben auxiliar a buques o personas en peligro, siempre que no comprometa su propia seguridad.
Facultades del Capitán	34	El capitán tiene plena autoridad en decisiones de seguridad, sin interferencia de propietarios o fletadores.
Medidas Especiales para la Seguridad Marítima	1 (Cap. XI-1)	Organizaciones reconocidas pueden realizar inspecciones y certificaciones en nombre del Estado del pabellón.
Reconocimientos Mejorados	2	Programa de inspecciones más riguroso para graneleros y petroleros, asegurando integridad estructural y seguridad.
Número de Identificación del Buque	3	Todo buque de pasaje y de carga con cierto arqueo debe tener un número de identificación único asignado por la OMI.
Registro de Sinopsis Continua	5	Los buques deben mantener un Registro Sinóptico Continuo (CSR) con información sobre propiedad, bandera y datos relevantes.

8.20. Referencias

Canadian Ice Service. (2019). *Ice Patrol Service in the North Atlantic*. Ottawa: Canadian Coast Guard.

International Association of Marine Aids to Navigation and Lighthouse Authorities (IALA). (2018). *Standards for Maritime Navigation Aids*. Saint-Germain-en-Laye: IALA.

International Maritime Organization (IMO). (2014). *Guidelines on Maritime Traffic Management*. London: IMO.

International Maritime Organization (IMO). (2017). *Resolution A.1158 on Vessel Traffic Services (VTS)*. London: IMO.

International Maritime Organization (IMO). (2020). *International Convention for the Safety of Life at Sea (SOLAS), Chapter V*. London: IMO.

World Meteorological Organization (WMO). (2021). *Guidelines on Marine Meteorological Services*. Geneva: WMO.

Canadian Hydrographic Service. (2018). *Marine Safety and Hydrographic Standards*. Ottawa: Government of Canada.

International Maritime Organization (IMO). (2017). IMO Model Course on Maritime English. London: IMO.

International Labour Organization (ILO). (2016). Maritime Labour Convention, 2006. Geneva: ILO.

International Chamber of Shipping. (2013). Guidelines on the Application of the IMO SOLAS Convention. London: ICS Publications.

International Maritime Organization (IMO). (2017). *IMO Model Course on Bridge Resource Management*. London: IMO.

International Chamber of Shipping. (2013). *Bridge Procedures Guide*. London: ICS Publications.

European Maritime Safety Agency. (2019). Guidance on Inspections for Bulk Carriers and Tankers. European Maritime Safety Agency.

Lloyd's Register. (2018). Continuous Synopsis Record (CSR) Guidelines. Lloyd's Register Publications.

Maritime and Coastguard Agency. (2021). Standards and Guidance for Recognized Organizations (MSC.208(81)).

United Nations Conference on Trade and Development (UNCTAD). (2020). Maritime Transport and Ship Identification Standards. UNCTAD Publications.

9. Gestión de la Seguridad A Bordo

La seguridad a bordo es fundamental en las operaciones marítimas, abordando aspectos que van desde el cumplimiento de normativas internacionales hasta la gestión de riesgos laborales específicos. Este capítulo se centra en la aplicación de normas y buenas prácticas que garantizan un entorno seguro para la tripulación y la protección del medio ambiente, destacando los elementos esenciales en la prevención de accidentes y en la gestión de condiciones de trabajo óptimas. La Organización Marítima Internacional (OMI), a través de convenios y códigos, proporciona un marco global para la gestión de la seguridad a bordo, mientras que normas específicas de salud y seguridad laboral adaptadas al entorno marítimo ayudan a controlar riesgos como el ruido, la iluminación y la temperatura. Este enfoque integral considera tanto los elementos técnicos como el factor humano, cuyo impacto es clave para la seguridad en operaciones de alto riesgo. En las siguientes secciones, se exploran los aspectos críticos de la normativa de seguridad a bordo, la prevención de riesgos laborales y las medidas específicas para evitar accidentes, asegurando una mejora continua de los sistemas de gestión de seguridad.

9.1. Normativa Internacional de Seguridad

El marco regulador de la seguridad marítima se basa en instrumentos internacionales como el Convenio Internacional para la Seguridad de la Vida Humana en el Mar (SOLAS) (OMI, 2019), el Código Internacional de Gestión de la Seguridad (ISM) (OMI, 2020), y la Evaluación Formal de Seguridad (FSA) (OMI, 2022). SOLAS establece los requisitos mínimos para garantizar la seguridad operativa de los buques, abordando aspectos como la construcción, el equipo y la operación. En el capítulo IX del SOLAS, se establecen los principios básicos para la gestión de la seguridad operacional de los buques, siendo lo más relevante de este capítulo que establece la obligatoriedad del código internacional de gestión de la seguridad.

El Código ISM, aprobado por la OMI el 4 de noviembre de 1993 como Anexo a la Resolución A. 741 (18) (OMI, 2020), y obligatorio desde 1998, establece que las compañías deben implementar un Sistema de Gestión de la Seguridad (SGS) en sus buques, el cual incluya procedimientos para responder a emergencias y auditorías internas para verificar la efectividad del sistema. Además, el método FSA, desarrollado por la OMI, ofrece una metodología estructurada para identificar riesgos y establecer medidas de control coste-beneficio (Cruz, 2016).

9.1.1. Convenio SOLAS: Capítulo XI

El Capítulo XI del Convenio Internacional para la Seguridad de la Vida Humana en el Mar (SOLAS) (OMI, 2019) aborda medidas especiales para la mejora de la seguridad marítima y la protección de la navegación internacional. Esta sección tiene como objetivo regular los estándares de inspección, la identificación de buques, y la trazabilidad documental en aguas internacionales, garantizando así que los buques cumplan con condiciones óptimas de seguridad para minimizar riesgos operativos. Entre sus disposiciones destacadas se encuentran las reglas que exigen un sistema riguroso de reconocimiento e inspección, orientado principalmente a embarcaciones de carga, petroleros y graneleros, debido a su elevado riesgo operativo y las consecuencias medioambientales en caso de accidente.

Medidas Específicas del Capítulo XI:

1. Autorización para Inspección y Certificación: La Regla 1 autoriza a organizaciones reconocidas, como sociedades de clasificación, a realizar inspecciones y emitir certificaciones en representación del Estado de abanderamiento (Bureau Veritas, 2018). Este proceso permite verificar que el buque cumple con las normativas de seguridad exigidas, especialmente en términos de estructura y capacidad de operación.

2. Número de Identificación de Buques (IMO): Según la Regla 3, los buques deben poseer un número de identificación único (Número IMO) que debe estar grabado permanentemente en el casco y registrado en los certificados del buque (OMI, 2019). Este sistema de numeración universal es crucial para la trazabilidad y control de embarcaciones, asegurando transparencia en sus operaciones y en su historial de inspección y mantenimiento.

3. Registro Sinóptico Continuo (CSR): La Regla 5 obliga a los buques a mantener un Registro Sinóptico Continuo, que documenta información clave sobre propiedad, bandera y modificaciones sustanciales en la estructura del buque (Cabrera & Martínez, 2019). Esta medida permite que la información relevante esté siempre disponible para inspección, facilitando la verificación de la

autenticidad y coherencia de los datos en transferencias de propiedad o cambios de bandera.

Estas medidas del Capítulo XI del SOLAS, en conjunto con otras disposiciones, representan un esfuerzo integral para estandarizar las prácticas de seguridad marítima en una industria globalizada.

9.1.2. Código ISM

El Código Internacional de Gestión de la Seguridad (ISM) es una normativa adoptada por la Organización Marítima Internacional (OMI) en el capítulo IX del Convenio SOLAS. Su principal objetivo es establecer un sistema de gestión de la seguridad que permita reducir riesgos operativos y proteger tanto a la tripulación como al medio ambiente marino (OMI, 2020). La entrada en vigor obligatoria del Código ISM en 1998 transformó las prácticas de seguridad, exigiendo a las empresas de transporte marítimo la adopción de procedimientos de gestión y estándares de seguridad operacional que se ajustan a las especificidades de cada buque y su entorno de operación.

9.1.2.1. Objetivos del Código ISM

El Código ISM persigue tres objetivos clave: garantizar la seguridad en las operaciones marítimas, prevenir la contaminación y asegurar que las empresas de transporte marítimo establezcan políticas de mejora continua en la gestión de seguridad (Rodríguez & Silva, 2018). La normativa hace especial hincapié en que las prácticas de seguridad se integren en todas las operaciones diarias y en la cultura organizacional de cada empresa, promoviendo la formación y la competencia profesional del personal a bordo y en tierra.

9.1.2.2. Estrategias para la Implementación del Código ISM

La implementación del Código ISM requiere que las compañías desarrollen un Sistema de Gestión de la Seguridad (SGS) que contemple normas claras de operación y prevención de riesgos. El SGS debe incluir procedimientos específicos para preparar a la tripulación para emergencias, identificar y documentar accidentes y anomalías en las operaciones, y realizar auditorías internas de seguridad (González, 2015). Este enfoque permite una revisión constante de los protocolos de seguridad y un ajuste continuo a los cambios normativos y operacionales.

9.1.2.3. Certificación y Verificación

Para cumplir con el Código ISM, cada empresa y buque deben recibir certificaciones de conformidad que validen el cumplimiento del SGS. Los certificados, como el Documento de Cumplimiento (DOC) para las empresas y el Certificado de Gestión de la Seguridad (SMC) para los buques, son expedidos por las administraciones nacionales o por organizaciones reconocidas (IMarEST, 2020). Estos certificados se someten a auditorías periódicas que verifican la correcta implementación de los procedimientos de seguridad y la conformidad del buque con las normativas.

El Código ISM representa una guía esencial para establecer un sistema de seguridad integral en el transporte marítimo, impulsando una cultura de seguridad que es fundamental en la industria actual, donde la seguridad y la sostenibilidad medioambiental son imperativos globales.

9.2. Prevención de Riesgos Laborales

La normativa OSHAS 18001 y ISO 45001 son esenciales en la gestión de riesgos laborales marítimos, adoptando el ciclo PHVA (Planificar-Hacer-Verificar-Actuar) que asegura una revisión constante de los factores de riesgo en el ambiente laboral, como el ruido, la iluminación y la seguridad en las áreas de circulación (Cruz, 2016). Esta gestión de riesgos no solo minimiza accidentes, sino que fortalece la cultura de seguridad a bordo.

9.2.1. Factores Ambientales

El control de factores ambientales en el lugar de trabajo es fundamental para garantizar la salud y la seguridad de los empleados. Dos de los factores más críticos a considerar son el ruido y la iluminación.

Ruido

El ruido excesivo puede llevar a una variedad de problemas de salud, incluyendo:

- **Pérdida de audición:** La exposición prolongada a niveles elevados de ruido puede causar daños auditivos permanentes. Se recomienda mantener los niveles de ruido por debajo de 85 decibelios en ambientes laborales (Cruz, 2016).

- **Estrés y fatiga:** Un entorno ruidoso puede provocar estrés psicológico y físico, disminuyendo la productividad y aumentando la posibilidad de errores y accidentes.

Interferencia en la comunicación: Un alto nivel de ruido puede dificultar la comunicación efectiva entre los trabajadores, lo que aumenta el riesgo de accidentes.

Para controlar el ruido, es esencial implementar medidas como el uso de barreras acústicas, equipos de protección personal (como tapones o cascos) y la promoción de áreas de trabajo silenciosas.

<u>Iluminación</u>

La iluminación adecuada es crucial para prevenir accidentes y mejorar la productividad. La iluminación insuficiente o inadecuada puede causar:

Fatiga visual: La falta de luz puede forzar la vista, provocando dolores de cabeza y cansancio.

Accidentes por tropiezos o caídas: Un entorno mal iluminado puede ocultar peligros, como obstáculos en el suelo.

Ergonomía deficiente: Una iluminación inadecuada puede llevar a posturas inadecuadas al intentar ver mejor, lo que aumenta el riesgo de lesiones musculoesqueléticas.

Las recomendaciones para asegurar una iluminación óptima incluyen el uso de luces LED de alta calidad, la distribución uniforme de la luz en el espacio de trabajo y la implementación de controles automáticos que se ajusten a las condiciones de luz natural.

9.3. Accidentes Laborales y Seguridad en el Trabajo

Los accidentes laborales son un riesgo inherente en muchos sectores, y su prevención es crucial para proteger a los trabajadores y la productividad de la empresa. Los tipos de accidentes más comunes incluyen:

Caídas

Las caídas son una de las principales causas de lesiones en el trabajo, especialmente en sectores de construcción y mantenimiento. Las estrategias de prevención incluyen:

- Uso de barandillas y plataformas de trabajo seguras.
- Capacitación en técnicas de trabajo seguro en altura.
- Implementación de sistemas de prevención de caídas.

Electrocuciones

Las electrocuciones son otro riesgo significativo, particularmente en trabajos que involucran electricidad. Para prevenir este tipo de accidentes, es esencial:

- Realizar capacitaciones periódicas sobre seguridad eléctrica.
- Utilizar equipos de protección personal (EPP) adecuados.
- Implementar procedimientos de bloqueo y etiquetado para asegurar que el equipo esté desenergizado durante el mantenimiento.

Riesgos en espacios confinados

Los trabajos en espacios confinados presentan riesgos únicos, incluyendo la falta de oxígeno y la posibilidad de exposición a sustancias tóxicas. Las medidas de seguridad incluyen:

- Evaluaciones de riesgo antes de ingresar a espacios confinados.
- Monitoreo constante de la atmósfera.
- Uso de EPP adecuado y formación en rescate.

Protocolos de actuación

La creación de protocolos específicos para cada tipo de accidente es vital. Estos deben incluir:

- Procedimientos claros para la evacuación y respuesta en caso de emergencia.
- Identificación de los roles de los trabajadores en una situación de emergencia.
- Drills regulares para asegurar que todos los empleados estén familiarizados con los procedimientos.

Capacitación en primeros auxilios

La capacitación en primeros auxilios es crucial para garantizar que los trabajadores puedan responder adecuadamente a lesiones y emergencias. Esto incluye:

- Reconocimiento de síntomas de lesiones comunes.
- Formación en técnicas básicas de resucitación y manejo de heridas.
- Conocimiento de la ubicación y uso de equipos de primeros auxilios en el lugar de trabajo.

9.3.1. Riesgos de accidentes en los buques

Los accidentes laborales en los buques por la propia naturaleza del entorno donde se opera tienen su propia idiosincrasia. La prevención de accidentes laborales en el entorno marítimo es esencial para garantizar la seguridad y bienestar de los marinos. La identificación de los tipos de accidentes, sus riesgos asociados y la implementación de medidas de prevención adecuadas son fundamentales para crear un ambiente de trabajo seguro. La capacitación constante y la promoción de una cultura de seguridad contribuirán a minimizar el riesgo de accidentes y a proteger a todos los miembros de la tripulación.

A continuación, se presenta un desarrollo detallado de los diez tipos de accidentes que ponen en peligro la vida de los marinos y que deben ser bien comprendidos y gestionados para garantizar la seguridad a bordo:

Hombre al Agua

Este accidente ocurre cuando un tripulante cae al agua, lo que puede suceder por diversas razones, como resbalones, caídas o malas condiciones climáticas.

Riesgos:

- Ahogamiento.
- Lesiones por impacto o hipotermia.

Prevención:

- Uso de chalecos salvavidas y arneses.
- Instalación de barandillas y redes de seguridad.
- Entrenamiento en procedimientos de recuperación de hombres al agua.

Accidentes en Espacios Cerrados

Los espacios cerrados, como tanques, bodegas y compartimentos, presentan riesgos significativos debido a la falta de oxígeno y la posible acumulación de gases tóxicos.

Riesgos:

- Asfixia.
- Exposición a gases nocivos o explosiones.

Prevención:

- Evaluación de riesgos antes de entrar en espacios confinados.
- Uso de equipos de respiración y monitoreo de la atmósfera.
- Capacitación específica en trabajo en espacios confinados.

Accidentes por Descargas Eléctricas

Estos accidentes pueden ocurrir al trabajar con o cerca de equipos eléctricos y pueden ser mortales.

Riesgos:

- Choques eléctricos que pueden resultar en lesiones graves o muerte.
- Prevención:
- Mantenimiento regular de equipos eléctricos.
- Uso de equipos de protección personal (EPP) adecuados, como guantes aislantes.
- Capacitación en seguridad eléctrica y procedimientos de desconexión.

Explosión de Maquinaria

Las explosiones pueden ocurrir en maquinaria como generadores, compresores y calderas, a menudo debido a acumulación de gases, fallos mecánicos o manejo inadecuado de combustible.

Riesgos:

- Lesiones graves, quemaduras o muerte.
- Daños a la embarcación y riesgo para la tripulación.

Prevención:

- Inspecciones y mantenimiento regular de la maquinaria.
- Capacitación sobre manejo seguro de equipos y procedimientos de emergencia.
- Instalación de sistemas de alarma y detección de gases.

Operaciones de Amarre

Los accidentes durante el amarre de embarcaciones pueden ocurrir por el mal manejo de cabos, mal posicionamiento o fallos en los equipos.

Riesgos:

- Lesiones por tirones, aplastamientos o caídas.

Prevención:

- Capacitación en técnicas de amarre y uso seguro de equipos.
- Supervisión constante durante las operaciones de amarre.
- Uso de equipos de amarre en buen estado y correctamente mantenidos.

Caída de Altura

Este accidente puede suceder en áreas elevadas, como cubiertas superiores o al trabajar en mástiles y grúas.

Riesgos:

- Lesiones por impacto, fracturas o contusiones.
- Prevención:
- Uso de arneses de seguridad y sistemas de protección contra caídas.
- Capacitación en trabajo en altura y supervisión adecuada.
- Inspección de equipos de acceso y aseguramiento de escaleras y plataformas.

Prevención:

- Utilizar arneses de seguridad y sistemas de protección contra caídas adecuados.
- Recibir capacitación en trabajo en altura y asegurar una supervisión adecuada durante las tareas.
- Realizar inspecciones periódicas de equipos de acceso, escaleras y plataformas para garantizar su estabilidad y correcto aseguramiento.

Ataques de Piratería

Los ataques de piratería representan una amenaza para la seguridad de la tripulación y la embarcación, especialmente en áreas de alto riesgo.

Riesgos:

- Secuestros, lesiones o incluso muertes.
- Robo de bienes y equipo.

Prevención:

- Capacitación en seguridad y protocolos en caso de ataque.
- Implementación de medidas de seguridad a bordo, como vigilancia y sistemas de alarma.
- Rutas de navegación planificadas para evitar áreas de alto riesgo.

Accidentes de Pruebas de Botes Salvavidas

Las pruebas de botes salvavidas son necesarias para asegurar su funcionamiento, pero pueden ser peligrosas si no se realizan correctamente.

Riesgos:

- Lesiones durante el lanzamiento o la operación del bote.
- Ahogamiento si las medidas de seguridad no son seguidas.

Prevención:

- Capacitación en el uso y lanzamiento de botes salvavidas.
- Inspección regular de los botes salvavidas y equipos asociados.
- Simulacros de evacuación para practicar el uso de botes.

Accidentes de Trabajo en Caliente

Este tipo de accidente se refiere a cualquier actividad que involucre la generación de calor o la manipulación de materiales inflamables.

Riesgos:

- Quemaduras, incendios o explosiones.
- Prevención:

- Establecimiento de procedimientos claros para trabajos en caliente.
- Uso de EPP adecuado, como ropa ignífuga y protectores faciales.
- Supervisión constante durante el trabajo en caliente y áreas de trabajo bien señalizadas.

Prevención:

- Establecer procedimientos claros y específicos para trabajos en caliente.
- Utilizar EPP adecuado, incluyendo ropa ignífuga y protectores faciales.
- Asegurar una supervisión constante durante las actividades de trabajo en caliente.
- Mantener las áreas de trabajo bien señalizadas y organizadas.

Caída desde Pasarela

Las pasarelas son áreas críticas durante el embarque y desembarque, y las caídas pueden ocurrir debido a resbalones o falta de atención.

Riesgos:

- Lesiones por caídas que pueden ser graves dependiendo de la altura.

Prevención:

- Instalación de barandillas y superficies antideslizantes en pasarelas.
- Capacitación sobre el uso seguro de pasarelas y procedimientos de embarque.
- Supervisión durante las operaciones de embarque y desembarque.

9.3.2. Manejo Seguro de Equipos

El manejo seguro de equipos es esencial para prevenir accidentes en el entorno laboral. La falta de mantenimiento y las inspecciones irregulares pueden llevar a fallos catastróficos. Algunas prácticas recomendadas incluyen:

Mantenimiento Regular

El mantenimiento regular de equipos garantiza su funcionamiento seguro y eficiente. Esto incluye:

- Inspecciones periódicas programadas.
- Sustitución de piezas desgastadas o defectuosas.

- Registro de mantenimiento para seguir el historial de los equipos.

Inspecciones Frecuentes

Las inspecciones regulares deben realizarse para detectar posibles problemas antes de que se conviertan en accidentes. Esto puede incluir:

- Verificación de sistemas eléctricos para evitar cortocircuitos.
- Control de maquinaria para detectar desgastes que puedan causar fallos.
- Evaluaciones de seguridad en herramientas y equipos utilizados por los trabajadores.

Capacitación en el uso adecuado de equipos

La capacitación en el uso de equipos es crucial para asegurar que los trabajadores operen de manera segura. Esto incluye:

- Instrucción sobre el uso correcto de cada herramienta y máquina.
- Formación en procedimientos de seguridad específicos para cada tipo de equipo.
- Fomento de una cultura de seguridad donde los trabajadores se sientan responsables de su propia seguridad y la de sus compañeros.

9.4. Condiciones de Trabajo

Las condiciones de trabajo en el entorno marítimo son cruciales para garantizar la seguridad y el bienestar de la tripulación. En un contexto donde las condiciones pueden ser cambiantes y adversas, es esencial implementar medidas que aseguren la protección de todos los trabajadores.

Instalación de Barandillas

Las barandillas son un componente vital para prevenir caídas y accidentes en áreas de riesgo, especialmente en:

- Cubiertas y pasarelas: Las barandillas deben estar instaladas en bordes expuestos para evitar que los trabajadores caigan al agua o a niveles inferiores (OMI, 2019).
- Escaleras y accesos verticales: La instalación de barandillas en escaleras ayuda a proporcionar soporte y equilibrio, reduciendo el riesgo de caídas (Cruz, 2016).

La altura y la resistencia de las barandillas deben cumplir con las normativas de seguridad marítima, garantizando que sean adecuadas para soportar el peso y la presión.

Regulaciones de Temperatura

Las condiciones climáticas en el mar pueden ser extremas, y el control de la temperatura es fundamental para:

- Evitar el golpe de calor: En climas cálidos, los trabajadores deben tener acceso a áreas sombreadas y agua potable para prevenir deshidratación y golpes de calor (González, 2015).
- Prevenir el frío extremo: En climas fríos, es esencial contar con vestimenta adecuada y refugios térmicos para proteger a la tripulación de hipotermia y otros problemas relacionados con el frío (Cabrera & Martínez, 2019).

Ventilación Adecuada

La ventilación es clave para mantener un ambiente de trabajo saludable:

- Reducción de la humedad: La alta humedad en espacios cerrados puede provocar moho y deterioro del equipo, además de ser incómoda para los trabajadores (Cruz, 2016).
- Control de contaminantes: En lugares donde se manejan productos químicos, es vital contar con sistemas de ventilación que eliminen vapores tóxicos y mantengan la calidad del aire (Rodríguez & Silva, 2018).

Señalización de Riesgos

La señalización adecuada es esencial para garantizar la seguridad:

- Señales visuales: Deben estar ubicadas en áreas estratégicas para advertir sobre riesgos potenciales, como superficies resbaladizas o zonas de alta peligrosidad.
- Instrucciones claras: La señalización debe ser comprensible y visible, utilizando iconografía estándar para que la tripulación pueda identificar rápidamente los peligros.

9.5. Formación y Concienciación en Seguridad

La formación y concienciación de la tripulación y el personal terrestre son fundamentales para fomentar una cultura de seguridad sólida. Esto incluye:

- Programas de Capacitación: Implementar cursos regulares de capacitación en seguridad para todos los empleados, adaptados a sus funciones específicas (IMarEST, 2020).
- Simulacros de Emergencia: Realizar simulacros de emergencia periódicos para preparar a la tripulación ante situaciones críticas, asegurando que todos conozcan sus roles y responsabilidades.
- Promoción de la Comunicación Abierta: Fomentar un ambiente en el que los empleados se sientan cómodos al informar sobre peligros y sugerir mejoras en la seguridad (González, 2015).
- Evaluaciones de Riesgo Regulares: Realizar evaluaciones de riesgo de forma continua para identificar áreas de mejora en la seguridad laboral (Cruz, 2016).
- Concienciación sobre Salud Mental: Ofrecer programas de apoyo y recursos para gestionar el estrés y la salud mental, dado que estos factores también impactan en la seguridad y el rendimiento laboral.

9.6. El Factor Humano y el Error Humano

El factor humano es un componente crítico en la operación marítima, y los errores humanos son una de las principales causas de incidentes. La comprensión y mitigación de estos errores es esencial para la seguridad en el mar. Los Factores que Contribuyen a los Errores Humanos son los siguientes:

- **Fatiga:** La fatiga puede afectar gravemente la capacidad de atención y el juicio de los trabajadores. Las largas jornadas laborales y la falta de descanso adecuado aumentan el riesgo de cometer errores. Es crucial implementar horarios de trabajo que permitan descansos adecuados y rotaciones para mantener la alerta de la tripulación (Rodríguez & Silva, 2018).

- **Capacitación Insuficiente:** La falta de formación y entrenamiento puede llevar a errores en la operación de equipos y la ejecución de procedimientos. La capacitación continua es fundamental para asegurar que la tripulación esté al tanto de las mejores prácticas y procedimientos de seguridad (Cruz, 2016).
- **Estrés y Presión:** Las condiciones de trabajo en el mar pueden ser estresantes. La presión para cumplir con los plazos puede llevar a decisiones apresuradas y a la omisión de protocolos de seguridad. Crear un ambiente

que fomente la comunicación abierta y el apoyo entre los miembros del equipo puede ayudar a reducir el estrés (González, 2015).

Se debe fomentar prácticas de trabajo en equipo, la colaboración efectiva entre los miembros de la tripulación puede minimizar los errores humanos. Para ello se tienen que cumplir unas directrices simples, una comunicación clara estableciendo canales de comunicación abiertos y efectivos ayuda a que todos los miembros del equipo estén informados sobre las operaciones y los riesgos y realizar entrenamiento en trabajo en equipo: Simulaciones y ejercicios en equipo pueden mejorar la coordinación y la respuesta a situaciones de emergencia.

Por último, la implementación de tecnologías de apoyo puede ayudar a reducir el margen de error humano, utilizando sistemas de monitoreo y alerta que puedan detectan condiciones de riesgo y alertan a la tripulación pueden prevenir incidentes antes de que ocurran, como la automatización de las tareas repetitivas o peligrosas. La implementación de estas tecnologías puede disminuir la carga de trabajo y el riesgo de errores (Cabrera & Martínez, 2019).

9.7. Implementación y Mejora Continua del Sistema de Gestión de Seguridad

La implementación y mejora continua del Sistema de Gestión de Seguridad (SGS) es fundamental para garantizar un entorno laboral seguro y efectivo en el sector marítimo. Para ello se deben realizar auditorias regulares del SGS las cuales son esenciales para:

- Identificar deficiencias: Las auditorías ayudan a detectar áreas que requieren mejora, asegurando que los procedimientos de seguridad estén actualizados y sean eficaces (IMarEST, 2020).
- Evaluar el cumplimiento normativo: Garantizan que las operaciones cumplan con las normativas y regulaciones pertinentes, evitando sanciones y promoviendo la seguridad.
- Por otro lado, la revisión continua del SGS debe ser un proceso activo, el cual incluya:
- Análisis de incidentes: Cada incidente debe ser analizado para entender las causas subyacentes y prevenir que se repitan (Cruz, 2016).
- Actualización de procedimientos: Basándose en los resultados de las auditorías y revisiones, los procedimientos deben adaptarse a las nuevas realidades y desafíos del entorno marítimo.

Tambien se deben realizar evaluaciones periódicas del SGS, vitales para asegurar su eficacia mediante la recopilación de datos, manteneniendo registros de incidentes, casi accidentes y observaciones de seguridad ayuda a identificar patrones y áreas de riesgo, y a traves de la retroalimentación de los tripulantes (Feedback), involucrando así a los trabajadores en el proceso de evaluación permite identificar problemas que podrían no ser evidentes para la gerencia (Rodríguez & Silva, 2018).

Por último, la creación de una cultura de seguridad en la organización es fundamental para el éxito del SGS. Esto se puede lograr mediante:

- Capacitación y concienciación: Programas de capacitación que resalten la importancia de la seguridad y el papel de cada individuo en el sistema.
- Reconocimiento y recompensas: Fomentar el reconocimiento de buenas prácticas de seguridad entre la tripulación puede motivar a todos a participar activamente en la mejora de las condiciones de trabajo.

Tabla 7.- Elementos de seguridad en el entorno marítimo

Elemento de Seguridad	Descripción
Instalación de Barandillas	Previenen caídas en cubiertas, pasarelas, escaleras y accesos verticales. Deben cumplir normativas de seguridad en altura y resistencia.
Regulaciones de Temperatura	Protección contra calor y frío extremo. Se requieren áreas sombreadas, agua potable, vestimenta adecuada y refugios térmicos.
Ventilación Adecuada	Reduce humedad, evita moho y deterioro del equipo. Controla contaminantes en áreas con productos químicos.
Señalización de Riesgos	Uso de señales visuales estratégicas e instrucciones claras para advertir sobre peligros como superficies resbaladizas y zonas peligrosas.

9.8. Referencias

Organización Marítima Internacional (OMI). (2019). Código Internacional de Gestión de la Seguridad (ISM). Recuperado de http://www.imo.org

Organización Marítima Internacional (OMI). (2020). Code of Safe Practice for Cargo Stowage and Securing.

Organización Marítima Internacional (OMI). (2022). Formal Safety Assessment.

Aguirre, A. (2017). Seguridad y Salud en el Trabajo Marítimo: Prevención de Riesgos y Accidentes. Editorial Nautica, Madrid.

International Maritime Organization. (2020). Guidelines on the Safety of Ships and Port Facilities. London: IMO Publishing.

Sociedad de Clasificación Bureau Veritas. (2018). Guía de Seguridad para la Operación de Buques. Recuperado de http://www.bureauveritas.com

Occupational Safety and Health Administration (OSHA). (2020). Safety and Health Regulations for Shipyard Employment. Recuperado de https://www.osha.gov

Cabrera, J., & Martínez, R. (2019). Gestión de la Seguridad en la Navegación: Teoría y Práctica. Editorial Marítima, Barcelona.

International Maritime Safety Committee. (2021). Maritime Safety Management: The Role of Human Factors. International Journal of Maritime Safety, 15(3), 45-62.

Cruz, E. (2016). Accidentes Laborales en el Ámbito Marítimo: Análisis y Prevención. Revista de Seguridad Marítima, 8(2), 98-112.

Organización Internacional del Trabajo (OIT). (2021). Maritime Labour Convention (MLC) 2006. Recuperado de http://www.ilo.org

Institute of Marine Engineers, Scientists and Technologists (IMarEST). (2020). Marine Safety Management Systems: Best Practices and Case Studies. London: IMarEST.

González, P. (2015). Fundamentos de la Seguridad Marítima: Normativa y Procedimientos. Ediciones Marítimas, Valencia.

Rodríguez, M., & Silva, J. (2018). La Cultura de la Seguridad a Bordo: Claves para la Prevención de Accidentes. Editorial Técnica, Sevilla.

International Safety Management (ISM) Code. (2022). Guidelines for the Development of the Shipboard Safety Management System. IMO Circular MSC.1/Circ.1324.

IMarEST. (2020). Safety Management in Shipping: The Role of ISM Code.

Bureau Veritas. (2018). Guide to the International Safety Management Code.

10. Formación Básica en Protección Marítima

La Protección Marítima se refiere al conjunto de medidas y normas destinadas a garantizar la seguridad y la integridad de los buques, las instalaciones portuarias y las personas involucradas en la navegación y el comercio marítimo. La formación básica en protección marítima tiene como finalidad asegurar que el personal marítimo adquiera las competencias esenciales para identificar y responder a las amenazas de seguridad. Conforme al Convenio STCW y en sintonía con el Código Internacional para la Protección de Buques y de Instalaciones Portuarias (PBIP), este entrenamiento es obligatorio para aquellos cuya función incluye tareas de protección. La formación permite al personal cumplir con las normativas de seguridad y protección establecidas, preparándolo para actuar en situaciones de emergencia de protección marítima.

La Organización Marítima Internacional (OMI), como organismo especializado de las Naciones Unidas, es la autoridad responsable de la seguridad y protección de la navegación y la prevención de la contaminación del mar por los buques. La Formación Básica en Protección Marítima es requerida para tripulantes de buques mercantes que deban disponer del certificado de Protección de los Buques y de las Instalaciones Portuarias. La OMI establece normas y regulaciones para la protección marítima, como la Convención Internacional para la Seguridad de la Vida Humana en el Mar (SOLAS) y la Convención Internacional para la Prevención de la Contaminación por los Buques (MARPOL). Los Estados Miembros de la OMI deben implementar y aplicar estas normas y regulaciones para garantizar la protección marítima. La Organización Marítima Internacional (OMI), mediante el Convenio sobre Normas de Formación, Titulación y Guardia para la Gente de Mar (STCW), establece tres niveles de formación en protección marítima:

- Nivel Uno: Familiarización en aspectos de protección. Establecido en la Sección A-VI/6, párrafo 1.
- Nivel Dos: Conciencia de protección, Sección A-VI/6, párrafo 4.
- Nivel Tres: Formación para el personal con asignación de tareas de protección, Sección A-VI/6, párrafos 6 a 8.

Cada nivel está diseñado para cumplir con los estándares de competencia para protección y seguridad a bordo. Las competencias se establecen según el

STCW, correspondientes a las secciones A-VI/6-1 y A-VI/6-2. Este manual busca formar a la tripulación en competencias como: Mantener el Plan de Protección del Buque, reconocer riesgos y amenazas para la protección, realizar inspecciones periódicas y conecer el manejo de los equipos de protección.

10.1. Amenazas actuales a la Protección Marítima.

Las amenazas a la protección marítima son múltiples y presentan desafíos importantes para la seguridad de los buques y su tripulación. Estas amenazas configuran el contexto en el que operan las políticas y prácticas de protección necesarias para salvaguardar la integridad de las operaciones marítimas y resaltan la necesidad de un enfoque integral en la formación y protección del personal marítimo, asegurando que estén capacitados para responder adecuadamente y salvaguardar la seguridad de las operaciones marítimas.

A continuación, se describen las amenazas más relevantes con sus características principales.

10.1.1. Piratería y Robo a Mano Armada

La piratería es una de las amenazas más reconocidas y ampliamente reportadas en el ámbito marítimo. La Organización Marítima Internacional (OMI) ha señalado la importancia de combatir estos actos desde la década de 1980, enfocándose en áreas de alto riesgo como el Golfo de Adén, el sudeste asiático, y recientemente, el Golfo de Guinea. La Convención de las Naciones Unidas sobre el Derecho del Mar (CONVEMAR) define la piratería como actos ilegales de violencia o detención cometidos con fines personales en alta mar o en áreas fuera de la jurisdicción de cualquier Estado (CONVEMAR, Art. 101). Por su parte, el robo a mano armada, similar a la piratería pero que ocurre en aguas jurisdiccionales, es abordado en la Resolución A.1025(26) de la OMI, que detalla los tipos de actos y amenazas que constituyen esta actividad delictiva (OMI, Resolución A.1025(26)).

10.1.2. Lucha contra el Terrorismo

El terrorismo en el ámbito marítimo incluye actos destinados a causar daño con el fin de intimidar a poblaciones o influir en decisiones gubernamentales. La OMI trabaja en colaboración con el Consejo de Seguridad de las Naciones Unidas y otros organismos internacionales para prevenir estos actos mediante políticas de protección y controles fronterizos (OMI, Comité contra el Terrorismo del Consejo de Seguridad de la ONU).

10.1.3. Contrabando de Drogas

El tráfico de drogas en el transporte marítimo es un problema significativo, abordado mediante la Resolución A.872(20) de la OMI y revisada en la Resolución MSC.228(82), que contienen directrices específicas para la prevención del contrabando de drogas en buques (OMI, Resolución A.872(20); MSC.228(82)). La OMI trabaja además en colaboración con organizaciones como la Organización Mundial de Aduanas (OMA) para mejorar las prácticas de inspección y detección de sustancias ilícitas en el transporte marítimo internacional.

10.1.4. Polizones y Refugiados

La presencia de polizones, definida por el Convenio de Facilitación del Tráfico Marítimo Internacional de 1965 como las personas que se ocultan en los buques sin autorización, presenta una amenaza para la seguridad y puede poner en riesgo la integridad del buque y su tripulación. Para reducir los riesgos de embarque no autorizado, la OMI establece medidas que protegen al sector marítimo de peligros asociados a los polizones (Convenio de Facilitación, 1965).

10.1.5. Robos a la Carga

Aunque menos violentos, los robos a la carga en el transporte marítimo representan un impacto económico considerable y requieren de prácticas de protección eficaces para evitar pérdidas financieras. Las normativas de la OMI sobre la seguridad de las mercancías ofrecen guías para la prevención de robos en buques y en las instalaciones portuarias.

10.1.6. Daños Colaterales

Estos daños pueden resultar de ataques a instalaciones cercanas o de incidentes involuntarios, como incendios y explosiones en áreas próximas a los buques. Aunque no siempre intencionados, los daños colaterales conllevan costos y riesgos significativos. Para mitigar sus efectos, las normas de seguridad SOLAS y las guías de la OMI recomiendan medidas preventivas adaptadas a la protección del sector marítimo en estas circunstancias (OMI, SOLAS).

10.1.7. Ciberseguridad

Con el creciente uso de tecnologías en el sector marítimo, la ciberseguridad se ha convertido en una prioridad. La OMI ha desarrollado directrices para proteger los sistemas tecnológicos de los buques y puertos contra ciberataques, que pueden afectar tanto a las operaciones como a la seguridad general del transporte marítimo (OMI, Directrices sobre Ciberseguridad).

10.2. Políticas de Protección Marítima

Las políticas de protección marítima emergen como una respuesta necesaria frente a las amenazas que enfrentan los buques y las instalaciones portuarias en un contexto global marcado por incidentes históricos y el terrorismo. La Organización Marítima Internacional (OMI), como agencia especializada de la ONU, lidera los esfuerzos mediante la adopción de normas internacionales que buscan garantizar la seguridad y sostenibilidad del transporte marítimo. La preocupación por actos ilícitos como secuestros, sabotajes y terrorismo, evidenciada desde la década de 1980, impulsó el desarrollo de instrumentos jurídicos clave, entre ellos, el Convenio para la Represión de Actos Ilícitos contra la Seguridad de la Navegación Marítima (Convenio SUA, 1988) y el Código Internacional para la Protección de los Buques y de las Instalaciones Portuarias (Código PBIP, 2004).

10.3. Marco Normativo Internacional y Regional

El Convenio SOLAS y sus enmiendas han sido fundamentales para estructurar un marco de protección obligatorio. Estas normas se fortalecieron tras los atentados del 11 de septiembre de 2001, con la incorporación del Código PBIP, que establece estándares vinculantes para buques e instalaciones portuarias. En Europa, normativas como el Reglamento (CE) 725/2004 y la Directiva 2005/65/CE refuerzan estas medidas, mientras que en España destacan el Real Decreto 1617/2007 y la adopción del Código PBIP en 2002.

En España, el marco legislativo viene dado por Ratificaciones de losacuerdos internacionales, en particular los generados por la OMI, Normas Europeas y Legislación de ámbito nacional:

- Reglamento (CE) 725/2004 relativo a la mejora de la protección de los buques y las instalaciones portuarias.
- Directiva 2005/65/CE del Parlamento Europeo y del Consejo de 26 de octubre de 2005 sobre mejora de la protección portuaria
- Reglamento (CE) 324/2008, por el que se fijan los procedimientos revisados para las inspecciones de la Comisión en el ámbito de la protección marítima
- Reglamento de Ejecución (UE) 2016/462 de la Comisión de 30 de marzo de 2016 que modifica el Reglamento (CE) 324/2008, por el que se fijan los procedimientos revisados para las inspecciones de la Comisión en el ámbito de la protección marítima

- Código Internacional para la Protección de los Buques y de las Instalaciones Portuarias (Código PBIP), adoptadas el 12 de diciembre de 2002 mediante Resolución 2 de la Conferencia de Gobiernos contratantes del Convenio Internacional para la Seguridad de la Vida Humana en el Mar, 1974. BOE núm. 202, de 21 de agosto de 2004
- Real Decreto 1617/2007, de 7 de diciembre, por el que se establecen medidas para la mejora de la protección de los puertos y del transporte marítimo

10.3.1. Componentes Clave del Código PBIP

El Código PBIP define responsabilidades y medidas específicas para mitigar riesgos, entre ellas:

- Plan de Protección del Buque: Instrumento central que detalla procedimientos para enfrentar amenazas.
- Roles Clave: Oficiales de Protección del Buque, de la Compañía y de la Instalación Portuaria.
- Niveles de Protección: Clasificados en normal, incrementado y excepcional, según la amenaza percibida.
- Formación y Capacitación

El Convenio STCW, enmendado en 2010, exige altos estándares de competencia para el personal marítimo, asegurando su preparación en seguridad y respuesta a emergencias.

El desarrollo y la implementación de políticas de protección marítima son vitales para prevenir actos ilícitos y garantizar la continuidad del comercio global. Estas políticas requieren un enfoque integral, combinando normativas internacionales, cooperación regional y formación especializada del personal.

10.3.2. Prevención y represión de los actos de piratería y los robos en buques

La OMI, a través de su comité de seguridad, público el 23 de junio de 2009 la circular MSC.1/Circ.1334. Dicha circular tiene por finalidad señalar a la atención de los propietarios de buques, compañías, armadores de buques, capitanes y tripulaciones las precauciones que deben adoptarse para reducir los riesgos de piratería en alta mar y los robos a mano armada perpetrados contra los buques cuando éstos se encuentren fondeados, frente a los puertos o navegando en las aguas territoriales de un Estado ribereño. Además, contiene un resumen de las medidas que deberían adoptarse para reducir el riesgo que plantean tales ataques, las posibles medidas para combatirlos y la necesidad imperiosa de notificarlos, hayan tenido éxito o no, a las autoridades del Estado ribereño en cuestión y la Administración marítima del propio buque. Los informes deben ser enviados tan pronto como sea posible para permitir así que se adopten las medidas necesarias.

Es importante tener presente que los propietarios de buques, compañías, armadores de buques, capitanes y tripulaciones pueden y deben adoptar medidas para protegerse ellos mismos y sus buques de los piratas y de los ladrones armados. Si bien las fuerzas de seguridad pueden a menudo brindar asesoramiento sobre estas medidas y se requiere que los Estados de abanderamiento adopten las medidas necesarias para que los propietarios y capitanes de buques acepten sus responsabilidades.

A lo largo de este texto se va incidiendo en aquellos aspectos que se han demostrado importantes en acciones de piratería y de robo a mano armada que han ocurrido. El Decálogo de Protección de un buque se puede resumir en los siguientes puntos:

- Vigilar el buque y la carga
- Alumbrar el buque y su costado
- Establecer comunicación para recibir asistencia exterior
- Controlar los accesos a la carga y a los lugares habitables
- Mantener los portillos cerrados
- No dejar objetos de valor a la vista
- Mantener levantadas las planchas de desembarco
- Mantener a los encargados de la guardia contratados bajo la supervisión del oficial de guardia
- Notificar a la policía cualquier suceso de robo, hurto o ataque

Por último, en caso de recibir un ataque al buque:

- No se dudará en hacer sonar la alarma general del buque en caso de amenaza de ataque;
- Se tratará de mantener un alumbrado adecuado para deslumbrar a los atacantes, en caso de que personas extrañas al buque intenten escalar por el costado; se dará la alarma
- Se dará la alarma con golpes intermitentes de la sirena y se utilizarán los sistemas visuales, sirviéndose de reflectores y de cohetes de señalización;
- Si corresponde, y a fin de proteger las vidas de quienes se encuentren a bordo, se tomarán medidas para repeler el embarco de los atacantes, utilizando para ello reflectores potentes a fin de deslumbrar a los agresores o arrojando chorros de agua o cohetes de señalización en dirección de las zonas de embarco; y
- No se tratará de realizar actos heroicos.

10.4. Definiciones relacionadas con la Protección Marítima

A continuación, se exponen serie de términos con su correspondiente homónimo en inglés que se usarán con cierta frecuencia en el Código PBIP y que conviene manejar adecuadamente.

Plan de protección del buque / Ship Security Plan

Es un plan elaborado para asegurar la aplicación a bordo del buque de medidas destinadas a proteger a las personas que se encuentren a bordo, la carga, las unidades de transporte, las provisiones de a bordo o el buque de los riesgos de un suceso que afecte a la protección marítima.

Oficial de la Compañía para protección marítima / Company Security Officer

Es la persona designada por la compañía para asegurar que se lleva a cabo una evaluación sobre la protección del buque y que el plan de protección del buque se desarrolla, se presenta para su aprobación, y posteriormente se implanta y mantiene, y para coordinar la labor con los oficiales de protección de la instalación portuaria y con el oficial de protección del buque.

Oficial de protección del buque / Ship Security Officer

Es la persona a bordo del buque, responsable ante el capitán, designada por la compañía para responder de la protección del buque, incluidas la implantación y cumplimiento del plan de protección del buque y la coordinación con el oficial de la compañía para la protección marítima y con los oficiales de protección de la instalación portuaria.

Instalación portuaria / Port facility

Es la zona del puerto situada dentro de los límites determinados por la Autoridad de protección portuaria gestora del puerto en el que está situada, donde tiene lugar una interfaz buque-puerto, incluyendo, según se considere necesario, zonas tales como fondeaderos, atracaderos de espera y accesos desde el mar.

Interfaz buque-puerto Ship / Port Interface

Se refiere a la interacción que tiene lugar cuando un buque se ve afectado directa e inmediatamente por actividades que entrañan el movimiento de personas o mercancías, o la prestación de servicios portuarios al buque o desde el buque.

Actividad Buque - Buque / Ship to ship activity

Se denomina a cualquier actividad no relacionada con una instalación portuaria que implique la transferencia de bienes o personas de un buque a otro.

Oficial de protección de la instalación portuaria / Port Facility Security Officer

Es la persona designada para asumir la responsabilidad de la elaboración, implantación, revisión y actualización del plan de protección de la instalación portuaria y para la coordinación con los oficiales de protección de la instalación portuaria y con los oficiales de las compañías para la protección marítima.

Autoridad designada / Designated Authority

Los Gobiernos Contratantes podrán nombrar una autoridad designada, dentro del propio Gobierno, encargada de las funciones de protección relativas a las instalaciones portuarias, que se exponen en el capítulo XI-2 o en la Parte A del Código PBIP.

Organización de protección reconocida / Recognized Security Organization

Son organizaciones en la que los Gobiernos Contratantes pueden delegar algunas de sus tareas en materia de protección en virtud del capítulo XI-2 y de esta Parte A del Código PBIP, a excepción de las expresadas en el artículo 4.3.

Declaración de protección / Declaration of Security

Los Gobiernos Contratantes deben determinar cuándo se requiere una declaración de protección marítima mediante la evaluación del riesgo que una operación de interfaz buque-puerto o actividad buque a buque suponga para las personas, los bienes o el medio ambiente.

Incidente de protección / Security incident

Cualquier hecho que tenga relevancia para la protección del buque o de las instalaciones portuarias.

Nivel de protección / Security Level

Indica la calificación del grado de riesgo de que un incidente de protección que se produzca. Los tres niveles de protección en función del grado de amenaza son los siguientes:

Nivel 1: amenaza NORMAL
Nivel 2: amenaza INCREMENTADA
Nivel 3: amenaza EXCEPCIONAL

Organización de protección reconocida / Recognized security organization

Una organización con la experiencia adecuada en materia de protección y con un conocimiento adecuado de las operaciones de buques y puertos autorizadas para llevar a cabo una evaluación, una verificación o una aprobación o una actividad de certificación requerida por este capítulo o por la parte A del Código PBIP.

Compañía / Company

Al propietario del buque o cualquier otra organización o persona tal como el administrador o el fletador de casco desnudo, que haya asumido la responsabilidad de la operación del buque del propietario del buque y que al asumir dicha responsabilidad esté de acuerdo en realizar todas las funciones y responsabilidades impuestas por el Código Internacional de Gestión de la Seguridad.

10.5. Responsabilidades de Protección

Las responsabilidades en la protección marítima involucran a múltiples actores, desde gobiernos y organizaciones reconocidas hasta la propia tripulación de los buques e instalaciones portuarias. Este enfoque multinivel, promovido principalmente por la Organización Marítima Internacional (OMI) y el Convenio SOLAS, establece un marco integral que combina cooperación internacional, normativas específicas y planes operativos para prevenir incidentes de seguridad marítima. Las responsabilidades distribuidas son esenciales para mantener la confianza en la seguridad del comercio global y garantizar respuestas adecuadas a amenazas emergentes.

10.5.1. Responsabilidades de los Gobiernos Contratantes

Los gobiernos contratantes del Convenio SOLAS tienen un papel fundamental en la definición de niveles de protección y la implementación de medidas preventivas. Deben garantizar la pronta comunicación de estos niveles a los buques que enarbolan su pabellón y coordinar las evaluaciones de riesgo en instalaciones portuarias. Además, el Código PBIP exige que los gobiernos prueben la eficacia de los planes de protección y mantengan la confidencialidad de los datos sensibles relacionados con estos planes. Estas acciones buscan asegurar que tanto los buques como los puertos estén preparados para responder a incidentes.

10.5.2. Papel de las Organizaciones de Protección Reconocidas (OPR)

Las OPR, delegadas por los gobiernos contratantes, llevan a cabo evaluaciones, verificaciones y certificaciones relacionadas con la protección, aunque ciertas decisiones críticas, como la determinación de niveles de protección, permanecen bajo control gubernamental. Esto permite a las OPR aplicar sus conocimientos especializados para mantener estándares operativos altos, fortaleciendo la seguridad global del comercio marítimo.

10.5.3. Las Empresas Navieras y los Buques

Las empresas navieras son responsables de cumplir con los requisitos del Código PBIP, incluyendo la implementación de planes de protección del buque (Ship Security Plan, SSP). Estos planes deben ser revisados, actualizados y aprobados regularmente. Los buques, por su parte, deben operar según los niveles de protección establecidos por los gobiernos contratantes, manteniendo la comunicación constante con las autoridades y las instalaciones portuarias, especialmente en situaciones de amenaza elevada.

10.5.4. Instalaciones Portuarias y Personal de Protección

Las instalaciones portuarias desempeñan un papel crucial en la supervisión del acceso y la vigilancia de las áreas restringidas. Los oficiales de protección de estas instalaciones (PFSO) tienen la responsabilidad de garantizar que las medidas de protección sean eficaces y estén alineadas con las disposiciones del Código PBIP. Por su parte, el personal asignado a tareas de protección debe recibir formación adecuada, cumpliendo los estándares establecidos por el Convenio STCW y otros marcos internacionales.

10.5.5. Otros Actores y Cooperación Multinivel

Además de los agentes directamente involucrados, otros actores como transportistas, talleres y fuerzas armadas también influyen en la seguridad marítima. Su integración en los planes de protección es esencial para gestionar las interfaces buque-puerto de manera segura y eficiente.

10.6. El Oficial de Protección del Buque.

Se define como Oficial de Protección del Buque-Ship Security Officer (OPB/SSO) a la persona a bordo del buque, responsable ante el capitán, designada por la compañía para responder de la protección del buque, incluidas la implantación y cumplimiento del plan de protección del buque y la coordinación con el oficial de la compañía para la protección marítima y con los oficiales de protección de la instalación portuaria. En cada buque se designará un oficial de protección del buque.

Además de las que se estipulan en otras secciones de esta parte del Código, las tareas y responsabilidades del oficial de protección del buque incluirán, sin que esta enumeración sea exhaustiva, las siguientes:

- Realizar inspecciones periódicas de protección del buque para asegurarse de que se mantienen las medidas de protección que corresponda;
- Mantener y supervisar la implantación del plan de protección del buque, incluidas cualesquiera enmiendas del mismo;
- Coordinar los aspectos de protección de la manipulación de la carga y de las provisiones del buque con otro personal de a bordo y con los oficiales competentes de protección de la instalación portuaria;
- Proponer modificaciones al plan de protección del buque;
- Informar al oficial de la compañía para protección marítima de toda deficiencia e incumplimiento descubiertos durante las inspecciones internas, revisiones periódicas, inspecciones de protección y verificaciones del cumplimiento y ejecución de cualquier medida correctivo;
- Acrecentar la toma de conciencia de la protección y vigilancia a bordo;

Además, el oficial de protección del buque debe tener los conocimientos necesarios, y recibir formación, de conformidad con lo dispuesto en la Parte A del presente Código, en todos o algunos de los siguientes aspectos:

- Distribución del buque;
- Plan de protección del buque y procedimientos conexos (incluida formación sobre cómo hacer frente a distintos escenarios posibles);

- Técnicas de gestión y control de multitudes;
- Funcionamiento del equipo y los sistemas de protección; y
- Verificación, mantenimiento a bordo y prueba del equipo y los sistemas de protección;

10.7. El Oficial de la Compañía para la Protección Marítima.

Se define como oficial de la compañía para la protección marítima-Company Security Officer (OCPM- CSO) a la persona designada por la compañía para asegurar que se lleva a cabo una evaluación sobre la protección del buque y que el plan de protección del buque se desarrolla, se presenta para su aprobación, y posteriormente se implanta y mantiene, y para coordinar la labor con los oficiales de protección de la instalación portuaria y con el oficial de protección del buque. La compañía designará a un oficial de la compañía para la protección marítima. La persona designada como oficial de la compañía para protección marítima podrá desempeñar este cargo respecto de uno o más buques, según sea el número o tipo de buques que explota la compañía, siempre que se indique claramente de qué buques es responsable dicha persona. La compañía puede, en función del número o tipo de buques que explote, designar varias personas como oficiales de la compañía para protección marítima, siempre que se indique claramente de qué buques es responsable cada persona.

Además de las que se estipulan en otras secciones de esta parte del Código, las tareas y responsabilidades del oficial de la compañía para protección marítima incluirán, sin que esta enumeración sea exhaustiva, las siguientes:

- Determinar el grado de amenaza a la que es posible que el buque vaya a hacer frente, sirviéndose para ello de las pertinentes evaluaciones de la protección y de otra información adecuada;
- Garantizar que se realiza la evaluación de la protección del buque;
- Garantizar la elaboración, la presentación para su aprobación y, posteriormente la implantación y el mantenimiento del plan de protección del buque;
- Asegurarse de que el plan de protección del buque se modifique, según proceda, a fin de subsanar deficiencias y de satisfacer las necesidades de protección de cada buque;
- Concertar las inspecciones y revisiones internas de las actividades de protección;
- Concertar las verificaciones iniciales y subsiguientes del buque por la Administración o la organización de protección reconocida;
- Cerciorarse de que las deficiencias e incumplimientos descubiertos durante las inspecciones internas, revisiones periódicas, inspecciones de

protección y verificaciones del cumplimiento se tratan y solucionan prontamente;

- Acrecentar la toma de conciencia de la protección y la vigilancia;
- Asegurar una formación adecuada para el personal responsable de la protección del buque;
- Asegurarse de que exista una comunicación efectiva entre el oficial de protección del buque y los oficiales competentes de protección de las instalaciones portuarias,
- Garantizar la compatibilidad entre las prescripciones de protección y las de seguridad;
- Garantizar que, si se aplican planes de protección a la flota o a buques gemelos, el plan para cada buque tiene en cuenta exactamente la información específica correspondiente a cada buque; y
- Garantizar la implantación y mantenimiento de todo medio alternativo o equivalente aprobado para un buque determinado o para un grupo de buques.

Además, asegurará la coordinación e implantación eficaces de los planes de protección de los buques participando en ejercicios a intervalos apropiados, teniendo en cuenta las orientaciones que se brindan en la Parte B del presente Código

Sólo se expedirá un Certificado internacional de protección del buque provisional cuando la Administración, o una organización de protección reconocida en su nombre haya verificado, entre otras cosas, que el oficial de la compañía para protección marítima ha garantizado que se ha comprobado que el plan de protección del buque cumple lo prescrito en esta parte del Código, este plan se ha presentado para su aprobación; y el plan se está implantando a bordo; Ha su vez se deben haber habilitado los medios necesarios, incluidos los relativos a prácticas, ejercicios y auditorías internas para cerciorarse de que el buque superará con éxito las verificaciones prescritas en la sección 19.1.1.1 del Código en el plazo de seis meses; El oficial de la compañía para protección marítima, (OCPM), es responsable de garantizar que se lleva a cabo una evaluación de la protección del buque (EPB) para cada buque de la flota de la compañía. Aunque no es necesario que el OCPM lleve a cabo personalmente todas las tareas que corresponden a ese puesto, siempre será en última instancia personalmente responsable de asegurarse de que se realizan adecuadamente.

10.8. El Oficial de Protección de las Instalaciones Portuarias.

El código PBIP señala que, respecto a la protección de las instalaciones portuarias se designará un Oficial de Protección de la Instalación Portuaria / Port Facility Security Officer (OPIP-PFSO) para cada instalación portuaria. Se puede designar a una persona como oficial de protección de más de una instalación portuaria.

Además de las indicadas en otros lugares de la presente Parte del Código, las obligaciones y responsabilidades del oficial de protección de la instalación portuaria incluirán las siguientes tareas, sin que esta enumeración sea exhaustiva:

- Llevar a cabo una evaluación inicial y general de la instalación portuaria, tomando en consideración la oportuna valuación de la protección de la instalación portuaria;
- Garantizar la elaboración y el mantenimiento del plan de protección de la instalación portuaria;
- Implantar y perfeccionar el plan de protección de la instalación portuaria;
- Inspeccionar periódicamente el estado de protección de la instalación portuaria para asegurarse de que se han tomado las medidas de protección adecuadas;
- Recomendar, e incluir, según proceda, modificaciones en el plan de protección de la instalación portuaria a fin de subsanar deficiencias y actualizarlo, tomando en consideración los cambios que haya habido en la instalación portuaria;
- Fomentar la toma de conciencia del personal de la instalación portuaria en cuanto a la protección y la vigilancia;
- Garantizar que se ha impartido la formación adecuada al personal responsable de la protección de la instalación portuaria;
- Notificar a las autoridades pertinentes y llevar registros de los sucesos que suponen una amenaza para la protección de la instalación portuaria;
- Coordinar la implantación del plan de protección de la instalación portuaria con los oficiales de protección del buque y de la compañía;
- Establecer los mecanismos de coordinación con los servicios de protección necesarios;
- Garantizar que se cumplen las normas relativas al personal responsable de la protección de la instalación portuaria;
- Garantizar el funcionamiento, prueba, ajuste y mantenimiento adecuados del equipo de protección, si lo hay; y
- Ayudar a los oficiales de protección del buque a confirmar la identidad de las personas que tratan de subir a bordo cuando así se requiera.

Se ha de dar al oficial de protección de la instalación portuaria el apoyo necesario para que pueda desempeñar las funciones y responsabilidades que se le imponen en el capítulo XI-2 y en esta Parte del presente Código.

Además, tiene la obligación de cuando se le comunique que un buque tiene dificultades para cumplir las prescripciones del capítulo XI-2 o de la presente parte, o para implantar las medidas y procedimientos adecuados que se indiquen en el plan de protección del buque y, en el caso del nivel de protección 3, para atender a las instrucciones de protección impartidas por el Gobierno Contratante en cuyo territorio esté situada la instalación portuaria, el oficial de protección de la instalación portuaria y el oficial de protección del buque deberán ponerse en contacto y coordinar la adopción de las medidas oportunas.

O cuando se le comunique que un buque se encuentra en un nivel de protección más alto que el de la instalación portuaria, deberá informar de ello a la autoridad competente y deberá ponerse en contacto con el oficial de protección del buque para coordinar la adopción de las medidas que sea necesario tomar.

10.9. Evaluación De La Protección Del Buque

La evaluación de la protección del buque constituye un pilar fundamental en la seguridad marítima, siendo el proceso inicial para elaborar y actualizar planes efectivos de protección. Esta tarea es responsabilidad del Oficial de la Compañía para la Protección Marítima (OCPM), quien debe garantizar que las evaluaciones sean realizadas por personal calificado, conforme a las disposiciones del Código PBIP. Aunque las Organizaciones de Protección Reconocidas (OPR) pueden participar en estas evaluaciones, están excluidas de aprobar los planes resultantes. La evaluación abarca aspectos estructurales, operativos y tecnológicos del buque, enfocándose en identificar y mitigar vulnerabilidades críticas.

10.9.1. Componentes de la Evaluación

La evaluación incluye la revisión de áreas como protección física, sistemas informáticos, normas operativas y puntos críticos de acceso. Se realiza un análisis exhaustivo de las instalaciones a bordo, incluyendo zonas restringidas, puntos de embarque y sistemas de comunicación. Este proceso también evalúa medidas existentes de vigilancia, controles de acceso y la capacidad de respuesta ante emergencias. Es fundamental considerar amenazas específicas, como sabotajes, contrabando o secuestros, así como puntos vulnerables relacionados con la fatiga de la tripulación o deficiencias en la formación.

10.9.2. Herramientas y Métodos

Los responsables de la evaluación deben apoyarse en expertos en áreas como detección de armas, técnicas de sabotaje, protección física y manejo de sistemas tecnológicos. También deben realizar reconocimientos sobre el terreno para evaluar medidas operativas y procedimientos de seguridad, priorizando actividades críticas a bordo. Estos análisis permiten establecer un orden jerárquico de riesgos y definir estrategias específicas para su mitigación.

10.9.3. Informe de Evaluación

Una vez completada la evaluación, se elabora un informe detallado que describe el proceso, identifica vulnerabilidades y propone medidas correctivas. Este documento debe protegerse contra accesos no autorizados, y en caso de no ser elaborado por la compañía, requiere aprobación del OCPM. La evaluación considera también el impacto humano de las medidas implementadas, garantizando la operatividad del personal a largo plazo.

10.10. Equipamiento de Protección Marítima

El equipamiento de protección marítima es esencial para garantizar la seguridad del buque, su tripulación y su carga frente a amenazas como piratería, sabotajes y otros actos ilícitos. Este equipamiento combina tecnologías tradicionales y avanzadas para prevenir amenazas y responder eficazmente en situaciones de riesgo. Su correcto uso y mantenimiento, respaldado por un entrenamiento continuo de la tripulación, aseguran la implementación exitosa de medidas de seguridad en línea con los estándares internacionales. Este capítulo detalla los principales sistemas y equipos empleados en la protección de buques, los principios operativos de cada tecnología y las consideraciones necesarias para su uso efectivo. Basado en las recomendaciones del Código PBIP y la normativa internacional, este análisis incluye sistemas de comunicación, dispositivos de detección, barreras físicas y tecnologías avanzadas de vigilancia.

10.10.1. Principales Sistemas y Equipos

El Sistema de Identificación Automática (AIS) y el Sistema de Alerta de Protección del Buque (SSAS) son elementos centrales. El AIS facilita el intercambio de datos de navegación, mientras que el SSAS permite notificar discretamente a las autoridades sobre amenazas inminentes sin alertar a otros buques o al atacante. Los candados y cerraduras aseguran accesos restringidos, mientras que una adecuada iluminación exterior e interior mejora la vigilancia, especialmente en escenarios portuarios. Equipos portátiles de radiocomunicación y el Sistema Mundial de Socorro y Seguridad Marítima (SMSSM) proporcionan una respuesta coordinada y efectiva en emergencias.

Los sistemas de vigilancia como los circuitos cerrados de televisión (CCTV), equipados con cámaras térmicas o de infrarrojos, aumentan la capacidad de detección en tiempo real. Equipos de detección de intrusos y detectores de explosivos complementan la seguridad al identificar amenazas ocultas, mientras que dispositivos como redes, concertinas y barreras electrificadas dificultan físicamente el acceso no autorizado al buque.

A pesar de su eficacia, estos equipos presentan limitaciones operativas. Factores como el alcance efectivo, las condiciones ambientales y errores humanos pueden comprometer su rendimiento. Por ello, es crucial realizar pruebas periódicas, calibraciones y mantenimientos regulares, siguiendo las especificaciones del fabricante y las mejores prácticas del sector. Las maniobras evasivas y las tecnologías emergentes, como sistemas acústicos de larga distancia (LRAD), también contribuyen a fortalecer la protección.

10.10.2. Prueba, calibración y mantención del equipo y sistemas de Protección.

El oficial de protección del buque debe tener los conocimientos necesarios, y recibir formación en la verificación, en el mantenimiento a bordo y prueba del equipo y los sistemas de protección.

Asimismo, el personal de a bordo que tenga tareas específicas de protección debe tener suficiente conocimiento y capacidad para desempeñar adecuadamente las tareas que se le asignen, entre las que figuran, la verificación, mantenimiento a bordo y prueba del equipo y los sistemas de protección.

Para ayudar en la familiarización de dicho equipo hay que recordar que se deben efectuar ejercicios, como mínimo, una vez por año civil, sin que el periodo entre tales prácticas sea superior a 18 meses. En estos ejercicios se realizarán diversos tipos de prácticas, en las que podrán participar los oficiales de la compañía para protección marítima, los oficiales de protección de la instalación portuaria, las autoridades pertinentes de los Gobiernos Contratantes, así como los oficiales de protección del buque, si los hubiera. En dichas prácticas deben someterse a prueba las comunicaciones, la coordinación, la disponibilidad de recursos y la respuesta. Es muy importante obtener y conservar las instrucciones de los equipos para recordar su correcto funcionamiento. La calibración de los equipos que se pueda hacer a bordo, se realizará de acuerdo a las instrucciones del fabricante.

10.11. Identificación de la Amenaza, Reconocimiento y Respuesta

La identificación de amenazas, el reconocimiento de riesgos y la respuesta adecuada son elementos esenciales en la protección marítima. Estas acciones requieren una evaluación exhaustiva de amenazas potenciales como armas, explosivos, sustancias químicas, biológicas o radiológicas (QBN) y métodos empleados para eludir medidas de seguridad. Este capítulo aborda estrategias y técnicas para detectar y responder a estas amenazas, garantizando la seguridad del buque y la tripulación. La combinación de tecnología, capacitación del personal y estrategias adaptativas es clave para identificar amenazas, reconocer riesgos y responder eficazmente. Estos esfuerzos protegen la vida humana y aseguran el comercio marítimo global.

10.11.1. Reconocimiento y Detección de Amenazas

Las amenazas incluyen armas ocultas, explosivos y agentes QBN. Las armas clandestinas, como pistolas en objetos comunes, exigen el uso de detectores de metales y controles rigurosos. Los explosivos químicos, los más comunes, requieren entrenamientos específicos para identificar señales de manipulación y protocolos estrictos en caso de detección. Los incidentes con agentes QBN, caracterizados por efectos biológicos, químicos o radiactivos, demandan medidas como controles de acceso, monitoreo ambiental y preparación para la descontaminación.

10.11.2. Técnicas de Inspección y Búsqueda

El Código PBIP sugiere el uso de registros físicos no invasivos apoyados en tecnologías como rayos X, detectores de metales y perros entrenados. Las búsquedas incluyen equipajes, vehículos y áreas específicas del buque, utilizando procedimientos estandarizados que respeten los derechos humanos. El cribado efectivo requiere personal capacitado y el uso combinado de tecnología y observación manual. Los encargados de estas tareas, han de estar familiarizados con la utilidad de las "tarjetas de identificación" en la realización de búsquedas sistemáticas. Una "tarjetas de identificación" es una tarjeta que se puede dar a cada buscador especificando la ruta a seguir y las áreas a buscar. Estas tarjetas pueden ser codificadas por colores para diferentes áreas de responsabilidad, por ejemplo, azul para la cubierta, rojo para la sala de máquinas. Al finalizar las tareas de búsqueda individuales, las tarjetas se devuelven a un punto de control central. Cuando se devuelven todas las tarjetas, se sabe que la búsqueda está completa.

No se debe permitir que los miembros de la tripulación busquen en sus propias áreas ante la posibilidad de que puedan tener paquetes o dispositivos ocultos en su propio trabajo o áreas personales. La búsqueda debe realizarse de acuerdo con un plan o programa específico y debe ser cuidadosamente controlada.

10.11.3. Respuesta y Coordinación en Emergencias

Ante amenazas, es crucial implementar planes predefinidos para minimizar riesgos. Las técnicas de gestión de multitudes deben prevenir el pánico mediante información clara, formación del personal y una logística eficiente en las evacuaciones. La coordinación incluye establecer comandos centrales y comunicarse con autoridades externas. Durante una situación de emergencia, se generan determinados procesos cognitivos de detección y evaluación de la situación. Paralelamente hay una parte emocional, menos controlable, que es importante conocer, producida por una situación de emergencia, etiquetada como el miedo-ansiedad-pánico–fobia.

El miedo es el temor al peligro concreto, específico, claro, evidente, que es captable desde la posición en la que se encuentra el sujeto. Del miedo la persona se defiende con medidas racionales.

La ansiedad es una vivencia de inquietud y desasosiego donde se anticipa lo peor. Es un temor difuso, vago e inconcreto, sin referencias. La reacción que suele provocar es de perplejidad, asombro, de una especie de embotamiento confuso que hace que no se reaccione de ninguna manera. A esto le llamamos "estado de alarma". Aquí los mecanismos de defensa van a ser inconscientes y conducirán a manifestaciones de histeria, hipocondría, obsesiones, fobias, pánico..., mecanismos de defensa anómalos.

El pánico es el miedo desproporcionado, que nos saca fuera de nuestro control, incapacitándonos para evaluar el peligro en forma real y escoger la mejor alternativa para enfrentarlo o huir de el.

La fobia es un temor desproporcionado, terrible, superior a uno mismo, que se produce ante hechos, personas o situaciones. Es posible, que, en una agrupación de personas, los comportamientos de unos generen cambios en el estado de las adyacentes, de modo que pueda elevarse el grado de respuesta ante una determinada emergencia.

Hay que evitar que el conjunto de personas actúe bajo el pánico y no generar un: "conjunto de personas que reaccionan con sentimientos de alarma, sea real o supuesto el peligro, y con una conducta temerosa, espontánea y no coordinada.

10.11.4. Supervisión y Mantenimiento de Planes de Protección

Los Planes de Protección del Buque (PPB) deben ser supervisados continuamente por Oficiales de Protección, quienes verifican su eficacia, actualizan protocolos y aseguran la operatividad de los equipos de seguridad. Esto incluye inspecciones iniciales, renovaciones periódicas y verificaciones intermedias para mantener estándares elevados. Las verificaciones adicionales que la Administración estime oportunas. Las verificaciones del buque son competencia de los funcionarios de la Administración. Para finalizar hay que recordar que todo buque estará sujeto a las verificaciones que se especifican a continuación.

10.11.4.1. Verificación Inicial de los Planes de Protección del Buque

Antes de que el buque entre en servicio o antes de que se expida por primera vez el certificado que se exige en la sección 19.2, que incluirá una verificación completa del sistema de protección y todo el equipo de protección conexo a que se hace referencia en las disposiciones pertinentes del capítulo XI-2 y en la presente Parte del Código y en el Plan aprobado de protección del buque. Mediante esta verificación se garantizará que el sistema de protección del buque y todo el equipo de protección conexo se ajustan completamente a los requisitos aplicables del capítulo XI-2 y de esta Parte del Código, se encuentran en un estado satisfactorio y responden a las necesidades del servicio a que esté destinado el buque.

10.11.4.2. Verificación de Renovación de los Planes de Protección del Buque

A los intervalos que especifique la Administración, que no excedan de cinco años, excepto cuando se apliquen los párrafos 19.3.1 o 19.3.4. Mediante esta verificación se garantizará que el sistema de protección del buque y todo el equipo de protección conexo se ajustan completamente a los requisitos aplicables del capítulo XI-2, de esta Parte del Código y al Plan aprobado de protección buque, se encuentran en un estado satisfactorio y responden a las necesidades del servicio a que esté destinado el buque.

10.11.4.3. Verificación intermedia de los Planes de Protección del Buque

Si sólo se lleva a cabo una verificación intermedia, tendrá lugar entre la tercera fecha de vencimiento anual del certificado. Esta verificación provisional incluirá una inspección general del sistema de protección del buque y de todo el equipo de protección conexo, a fin de garantizar que siguen siendo satisfactorios para el servicio a que está destinado el buque. Esta verificación intermedia deberá refrendarse en el certificado.

10.12. Acciones de Protección del Buque

Las acciones de protección del buque constituyen la traducción operativa de los marcos normativos establecidos por el Código PBIP y otros estándares internacionales. Estas medidas buscan prevenir, mitigar y responder a amenazas como sabotajes, intrusiones, piratería o ataques armados, asegurando la integridad del buque, su tripulación y las operaciones marítimas globales. Las acciones de protección del buque integran tecnología, formación y estrategias adaptativas, reforzando la seguridad marítima. Este enfoque previene incidentes, asegura la continuidad operativa y fortalece la confianza en el comercio global.

10.12.1. Escenarios y Acciones Clave

Los niveles de protección que están establecidos en el código para la Protección de Buques y de Instalaciones Portuarias, son los Gobiernos Contratantes los responsables de su determinación. Son los siguientes:

- Nivel de protección 1: normal, el nivel al que funcionan normalmente los buques e instalaciones portuarias;
- Nivel de protección 2: incrementado, el nivel que se aplicará si hay un incremento del riesgo de que se produzca un suceso que afecte a la protección;
- Nivel de protección 3: excepcional, el nivel que se aplicará durante el periodo en el que sea probable o inminente que se produzca un suceso que afecte a la protección.

En los Estados Unidos de Norteamérica, el U.S. Coast Guard establece, de forma paralela, un sistema de niveles de Protección-SECurity- Marítima (MARSEC) de tres niveles diseñado para comunicar fácilmente U.S. Coast Guard y a las entidades de la industria marítima respuestas planificadas para las amenazas contrastadas. El secretario de Seguridad Nacional emite una Alerta NTAS, el U.S. Coast Guard ajustará el Nivel MARSEC apropiado, basado en el riesgo:

- MARSEC Level 1. Es de medidas de protección mínima, es el nivel que se mantendrán en todo momento.
- MARSEC Level 2. Para este nivel han de mantenerse medidas de protección adicionales durante un determinado período de tiempo, dado el mayor riesgo de un incidente de protección.
- MARSEC Level 3. Es el nivel para el que se mantendrán más medidas específicas de protección durante un período de tiempo limitado, debido a que existe una amenaza muy probable, inminente o ya ha ocurrido un incidente de protección, aunque no sea posible identificar el objetivo específico.

10.12.2. Planes de Contingencia y Procedimientos de Respuesta

El Plan de Protección del Buque (PPB) incorpora procedimientos específicos para amenazas como secuestros, ataques con explosivos y abordajes no autorizados. Ante estos escenarios, se activan sistemas como el Sistema de Alerta de Protección del Buque (SSAS), se informan a las autoridades relevantes y se ejecutan maniobras de emergencia para mitigar riesgos. La coordinación con la instalación portuaria es fundamental para garantizar una respuesta ágil y efectiva.

10.12.3. Interfaz Puerto-Buque y Declaración de Protección Marítima

En el puerto, la interacción entre el buque y la instalación portuaria requiere de una Declaración de Protección Marítima (DPM) que establece responsabilidades mutuas y medidas específicas de seguridad. Este acuerdo es esencial para operaciones críticas, como la manipulación de cargas peligrosas y el embarque de pasajeros en contextos de alto riesgo.

La efectividad de las acciones depende de la supervisión constante y del mantenimiento de los equipos de seguridad. Las inspecciones iniciales, renovaciones y verificaciones intermedias garantizan la actualización de los procedimientos ante nuevas amenazas, alineando las operaciones con estándares internacionales como los del Convenio SOLAS.

10.13. Preparación para Emergencias de Protección, Prácticas y Ejercicios

La preparación para emergencias de protección, así como la realización de prácticas y ejercicios, son fundamentales para garantizar la seguridad del buque, su tripulación y las operaciones marítimas. Estas actividades, reguladas por el Código PBIP, aseguran que todo el personal esté capacitado para responder a diversos escenarios de amenaza, desde ataques a instalaciones portuarias hasta intentos de secuestro o sabotaje.

10.13.1. Planes de Contingencia

Los Planes de Contingencia son herramientas operativas que guían la respuesta ante situaciones de protección crítica. Incluyen acciones como la activación del sistema de alerta del buque (SSAS), emisión de señales de emergencia, apagado de motores principales y evacuación. Además, detallan procedimientos para gestionar amenazas específicas como ataques con explosivos, secuestros o abordajes no autorizados. Los planes también establecen pautas para informar a las autoridades contratantes y cumplir con instrucciones en situaciones de Nivel 3 de protección MARSEC, garantizando una coordinación eficiente entre buque y autoridades portuarias.

10.13.2. Prácticas de Protección y Ejercicios

El Código PBIP exige la realización de ejercicios de protección al menos una vez cada tres meses, o cuando el 25% de la tripulación haya sido reemplazada por personal no entrenado recientemente. Estas prácticas permiten evaluar la capacidad del equipo para manejar situaciones como sabotajes, secuestros, adulteración de carga y ataques en el mar o puerto. Los ejercicios simulan incidentes como el contrabando de armas o el uso del buque como herramienta de ataque, probando la efectividad del Plan de Protección del Buque (PPB).

10.13.3. Tipos y Frecuencia de Ejercicios

Los ejercicios pueden realizarse de forma real, mediante simulaciones o combinados con actividades como búsqueda y rescate. Al menos una vez al año, deben incluir pruebas de comunicación, coordinación, disponibilidad de recursos y capacidad de respuesta. La participación del personal de protección y la variedad de escenarios simulados garantizan una mejora continua en la preparación para emergencias reales. Es necesario realizar ejercicios variados, con la participación del personal de protección del buque. La obligación legal es que deben realizarse al menos una vez cada año civil, con no más de 18 meses entre los ejercicios. Estos ejercicios deben probar las comunicaciones, la coordinación, la disponibilidad de recursos y la respuesta. Pueden ser:

- a escala real o en vivo;
- simulación o seminario; o
- combinado con otros ejercicios realizados, como ejercicios de búsqueda y rescate o de respuesta a emergencias.

A mayor experiencia y coordinación, las respuestas ante las amenazas reales serán mucho más eficaces.

10.14. Administración de la Protección

La administración de la protección marítima abarca la gestión de documentos, registros y procedimientos asociados a la seguridad del buque, alineándose con los estándares establecidos en el Código PBIP y el Convenio SOLAS. Este enfoque asegura la trazabilidad, cumplimiento normativo y capacidad de respuesta frente a riesgos que puedan comprometer la integridad del buque y las operaciones marítimas. La administración de la protección, sustentada en documentos como el Registro Sinóptico Continuo (RSC) y en la observancia de medidas de control, es esencial para mantener la seguridad marítima. Este enfoque asegura que los buques cumplan con las normativas internacionales, mitigando riesgos y fortaleciendo la confianza en el sistema global de transporte marítimo

10.14.1. Registro Sinóptico Continuo (RSC)

El Registro Sinóptico Continuo (RSC), obligatorio desde el 1 de julio de 2004, es un documento clave para garantizar un historial completo y actualizado del buque. Emitido por la Administración del Estado de abanderamiento, contiene información esencial, como la identidad del buque, propietarios, sociedades de clasificación y registros de cambios relevantes. Este registro debe mantenerse actualizado y protegido contra modificaciones no autorizadas, reflejando cualquier cambio en los datos esenciales en un plazo no mayor a tres meses. Además, en casos de cambio de pabellón, el registro debe transferirse al nuevo Estado para preservar la continuidad del historial del buque.

La Administración expedirá a cada buque con derecho a enarbolar su pabellón un Registro Sinóptico Continuo que contendrá, como mínimo, la siguiente información:

1. el nombre del Estado cuyo pabellón tenga derecho a enarbolar el buque
2. la fecha en que se matriculó el buque en dicho Estado;
3. el número de identificación del buque, de conformidad con lo dispuesto en la regla 3;
4. el nombre del buque;
5. el puerto de matrícula del buque;
6. el nombre del propietario o propietarios inscritos y su domicilio o domicilios sociales;
7. el nombre del fletador o fletadores a casco desnudo y su domicilio o domicilios sociales, si procede;
8. el nombre de la compañía, tal como se define en la regla IX/1, su domicilio social y la dirección o direcciones desde las que lleve a cabo las actividades de gestión de la protección;
9. el nombre de todas las sociedades de clasificación que hayan clasificado el buque;
10. el nombre de la Administración, del Gobierno Contratante o de la organización reconocida que haya expedido el documento de cumplimiento (o el documento de cumplimiento provisional), especificado en el Código IGS definido en la regla IX/1, a la compañía que explota el buque, y el nombre de la entidad que haya realizado la auditoría para la expedición del documento si dicha entidad es distinta de la que ha expedido el documento;
11. el nombre de la Administración, del Gobierno Contratante o de la organización reconocida que haya expedido el certificado de gestión de la protección (o el certificado de gestión de la protección provisional) especificado en el Código IGS, según se define éste en la regla IX/1, al buque, y el nombre de la entidad que haya realizado la auditoría para la expedición del certificado si dicha entidad es distinta de la que ha expedido el certificado;

12. el nombre de la Administración, del Gobierno Contratante o de la organización reconocida de protección que haya expedido el certificado internacional de protección del buque (o el certificado internacional de protección del buque provisional) especificado en la parte A del Código PBIP, según se define éste en la regla XI-2/1, al buque, y el nombre de la entidad que haya realizado la verificación para la expedición del certificado si dicha entidad es distinta de la que ha expedido el certificado, y

13. la fecha en la que el buque dejó de estar matriculado en ese Estado.

En el se anotará, inmediatamente, todo cambio en los datos a que se refieren los párrafos 4 a 12, a fin de actualizar la información y dejar constancia de los cambios.

10.14.2. Documentación de Protección y Medidas de Control

Conforme a las enmiendas al Convenio SOLAS, los buques deben portar un Certificado Internacional de Protección del Buque válido y ser inspeccionados en los puertos para verificar su cumplimiento con las disposiciones del Código PBIP. Las medidas de control aplicables incluyen inspección, demora, detención, restricción de operaciones o incluso la expulsión del puerto. Estas medidas se adoptan solo cuando existan motivos fundados de incumplimiento o riesgos inmediatos para la seguridad. Además, los Gobiernos Contratantes están obligados a notificar a la OMI y a los Estados relevantes en caso de acciones como la denegación de acceso o expulsión de un buque.

10.14.3. Obligaciones y Mantenimiento de Registros

La tripulación debe garantizar que los registros de protección estén disponibles para las inspecciones autorizadas. Estos registros pueden incluir detalles sobre niveles de protección, operaciones de interfaz buque-puerto y medidas adicionales implementadas. Los documentos deben ser protegidos contra accesos no autorizados y mantenerse en formatos que permitan su fácil consulta y verificación.

Las obligaciones de la gente del buque, respecto a los registros son:

- Deben ponerse los registros a disposición de los oficiales debidamente autorizados de los Gobiernos Contratantes a fin de que pueda verificarse que se aplican las disposiciones de los planes de protección del buque.
- Los registros pueden mantenerse en cualquier formato, pero deben protegerse contra el acceso o la divulgación no autorizados.

10.15. Referencias

Organización Marítima Internacional. *Convention for the Suppression of Unlawful Acts Against the Safety of Maritime Navigation* (SUA, 1988). Disponible en: IMO.org

Unión Europea. Reglamento (CE) 725/2004. Mejora de la protección de los buques e instalaciones portuarias.

Unión Europea. Directiva 2005/65/CE del Parlamento Europeo y del Consejo. Mejora de la protección portuaria.

OMI. Código Internacional para la Protección de los Buques y de las Instalaciones Portuarias (PBIP), 2004.

Convenio Internacional sobre Normas de Formación, Titulación y Guardia para la Gente de Mar (STCW), enmendado 2010.

Real Decreto 938/2014, España. Mejora de la protección en instalaciones portuarias

MSC.1/Circ.1334. *Guidance on Prevention Against Piracy and Armed* Robbery. WWW https://wwwcdn.imo.org/localresources/en/OurWork/Security/Documents/MSC.1-Circ.1334.pdf

Compendio de armas disimuladas. NCIS, 2003. WWW. https://plmadrid.wordpress.com/wp-content/uploads/2009/10/armas_simuladas.pdf

BMp. Best Management Practices for Protection Against Somalia Based *Piracy, versión 4, 2011.*

MSC.1/Circ.1334. Guidance on Ship Security Exercises and Drills. WWW https://wwwcdn.imo.org/localresources/en/OurWork/Security/Documents/MSC.1-Circ.1334.pdf

Real Decreto 210/2004. Sistema de seguimiento e información sobre el tráfico marítimo.

MSC.1/Circ.321. Continuous Synopsis Record (CSR) on Board. WWW https://www.irclass.org/media/2669/mmc-321-r-18012017.pdf

Convenio SOLAS 1974, Enmiendas de 2002. Capítulo XI/2: Medidas especiales para incrementar la protección marítima.

OMI. Guidelines on Port State Control under the ISPS Code.